U0443255

历史丛书
米歇尔·德格朗、阿兰·布罗主编

致喜爱法国香水的简

LA CIVILISATION DES ODEURS
XVIᵉ–DÉBUT XIXᵉ SIÈCLE

ROBERT **MUCHEMBLED**

气味的文明史
16世纪至19世纪初

[法] 罗贝尔·穆尚布莱 著　徐黎薇 译

上海社会科学院出版社

审校

朱文迪、刘楠、周凝、王韵之、杨光

寻觅历史中的气味与没有痕迹的人与物

徐黎薇

在现代城市的公共空间里，人们对异味几乎无法忍受。然而，中世纪至近代初期的欧洲，无论是城市、街道还是房屋，都是一个充满浓烈气味的世界。《气味的文明史（16世纪至19世纪初）》探索了文艺复兴时期至19世纪初气味的历史，揭示了气味观念如何影响社交、情感及人与环境的互动，又如何塑造人的身份、行为，甚至抗击疾病与瘟疫。本书翻译自2017年出版的法语原著 *La Civilisation des odeurs*（*XVIe-début XIXe siècle*）。作者罗贝尔·穆尚布莱（Robert Muchembled），法国著名历史学家，通过研究气味的文化变迁，使历史上那些未留痕迹的人与物得以显现和感知。

本书通过七个章节构建了气味的感官史。第一章从嗅觉的独特性入手，分析气味感知及其观念的历史和社会属性；第二章揭示中世纪至19世纪初城市和乡村的恶臭来源及其治理；第三章从文学与艺术作品中探讨排泄与色情文化的颠覆性意义及其随后的压制过程；第四章聚焦十六、十七世纪对女性气味的恐惧与控制；第五章分析瘟疫时期瘴气观念的形成与香气的防疫作用；第六章讲述文艺复兴时期香水的兴起及其对社交的影响；第七章则以花香与欧洲社会的变化为结尾，展示气味如何反映时代的兴衰。

罗贝尔·穆尚布莱1944年出生于法国北部矿区城市列万，是一位矿工的儿子。他的成长经历使他更关注普通人的历史声音。他形容他童年时的环境粗暴、艰难，有幸在小学时得到老师的指引，得以从初中起走上了法国的精英教育之路。这在教育阶级分层化的法国非常难得。他如今是巴黎大学（索邦-巴黎-西岱大学）的名誉教授，专注研究现代法国的大众文化与精英文化、女性与边缘群体、感官与犯罪等主题。其早期著作《村里的女巫（15—18世纪）》（*La sorcière au village XVe-XVIIIe siècle*）开拓了法国历史研究中的女性主义视角。

《气味的文明史》延续了他对未留痕迹者的关切。书中，穆尚布莱以气味这一被忽视的感官为切入点，将我们带回欧洲文艺复兴至19世纪初的鲜活感官世界。这种方法与年鉴学派的传统一脉相承：时间跨度长、聚焦民众、关注社会物质基础，结合跨学科材料进行研究，穆尚布莱参考了人类学和民族学中对人类行为和感觉的观察方法，使研究得以脱离狭隘的思想史和基督教史的轨道。同时，他受到福柯历史观的启发，关注微观历史、日常生活、身体的规训、知识和话语的建构以及与权力的关系，他在分析医学史料时揭示了权力与话语如何影响防疫和对女性身体的控制。作者拓宽了年鉴学派的身体史、情感史和感观史的研究维度，从视觉、听觉和触觉拓展到了嗅觉，细致地考察了日常生活和瘟疫期间的嗅觉心理、观念和文化建构，具有开创性意义。在此之前，法国历史学家阿兰·科尔班（Alain Corbin）于1982年出版了《瘴气与黄水仙：

18—19 世纪的嗅觉与社会想象》(*Le miasme et la jonquille*, *L'odorat et l'imaginaire social XVIIIe–XIXe siècles*) 介绍了 18 世纪至 19 世纪的感官和嗅觉历史。穆尚布莱补充了科尔班书中没有涉及的文艺复兴晚期至 17 世纪气味史以及与瘟疫和女性气味有关的重要讨论。

本书的法语原版于 2017 年出版,笔者于 2019 年开始翻译,并在同年完成了译稿,中文版则在五年后问世。在我交稿不久后便遇上了百年一遇的新冠疫情。然而,在翻译过程中,我已经在书中领略了欧洲十六、十七世纪瘟疫时期与气味相关的各种观念和方法,初读时感到惊奇,如今再读,更深刻地体会到了历史研究的深远意义。当时的翻译过程,回头看仿佛是在为我日后的防疫生活积淀胆识,帮助我顺利完成了疫情期间的博士论文,也让我更加切实地感受到历史细节的锋利,从中汲取了宝贵的研究方法。在此,我愿与读者分享本书中的一些精彩的视角。

(一)气味、感官与感性的历史性

气味这种无边无际,无痕无迹,无影无踪的东西有何历史?如何揭示历史?又如何追溯其历史?

作者穆尚布莱在本书中首先向读者说明,相对于视觉和听觉被当作认知世界的主要感觉,嗅觉这一感官长久以来被西方的哲学家所轻视。并且,在西方文明的进程中,嗅觉被当作一种人类的动物性的特点,受到压抑。《气味的文明史》介绍了人们对气味的感知及好恶其实会随着时代、社会、观念、文化的变化而变化,它并非天生。作者以粪便的气味为例:"欧洲儿童至少要到四五岁才能养成对自己粪便的反感。当代人很少承认这点,他们宁可相信这是自然而普遍的现象。但这其实是几个世纪以来文化压制的结果……然而在十六、十七世纪,情况完全不同。虽然大多数人的物质生活与臭味息息相关,但是当时对臭味有强烈感知的人却凤毛麟角……"蒙田当时也写到,每个人都觉得自己的粪便是香的。直到法国宗教战争时代才有所改变。气味被赋予了宗教上二元对立的象征意义。教徒们把臭味与魔鬼的气息联系起来。在16到18世纪时,女性因为月经而被指摘身体有臭味,受到攻击。

作者运用了近几十年来的神经科学的研究说明嗅觉已经重新获得了科学界的重视。它与人类大脑中最古老的部分直接相连,是情绪和记忆触发的中枢,并且是重要认知的感官,能快速识别危险,另外,人的气味与人类的基因有关,是人类个人印记和身份的重要标识。每个人的气味都是独一无二的。虽然人无法感受到自己的气味,但可以闻到他人的气味,并且,人体的气味是人们互相能够吸引的重要物质,也是孩子最初对母亲的身体产生依恋的原因之一。正因为以上各种原因,与气味相关的香水和食品行业等已经从中挖掘了巨大的商业价值,开发了五花八门的产品。

气味也曾经被认为与瘟疫有紧密的关联。臭味曾被当作有毒气味。香水曾被用作对抗瘟疫的唯一药物。瘟疫也因此催生了一场气味革命。人们因为对有毒的臭味的恐惧而想彻底摆脱臭味。在工业时代的城市化过程中,气味被当作社会阶层间可怕的歧视工具。作者认为嗅觉是一种极度社会性的感官,它使人二元化地制造联系或产生排斥。另外,住在不同地区的人,因为饮食的原因,身体散发出不同的气味,其他地区可能会觉得气味难闻。

本书法语原版于2017年出版,当时人工智能尚未如今天一般发达。尽管作者未探讨当代人工智能时代的背景，但关于气味、感官与感性历史的研究意义却愈发显著。气味作为人与人、人与环境直接交流的重要方式，尚无法被人工智能完全复制。正如穆尚布莱指出，气味极难用语言描述，也难以被系统化记录。或许，这正是人类体验不可替代的部分。通过对气味历史的深入挖掘，本书不仅拓宽了感官史的研究视野，也为理解人类社会的文化演变提供了新的路径。在今天，这种感官维度的探索仍具有强大的启发性。

那么作者穆尚布莱是如何进行有关气味的历史研究，如何搜集和处理关于气味的历史档案的呢？他运用了丰富多样的文献来源，包括面相学手册、医生、哲学家、诗人、短篇故事家、神学家、论战家和伦理学家的记录和作品；礼仪手册、《女士的秘密》等指南；王室法令；手套香水工匠行业规定；以及药剂师和手套香水工匠的遗产清单；还有关于嗅觉的图像资料等。

另外，作者研究的对象主要是那些在历史上未曾留下痕迹的普通民众。与民族学家或人类学家不同，历史学家无法直接向在世的见证人寻求证词。此外，在法国旧制度时期，这些普通民众大多是文盲，几乎没有留下与自身生活相关的书面记录。因此，历史学家穆尚布莱只能另辟蹊径，从种类繁多的历史文本中寻找这些民众残存的言语踪迹。这些踪迹有时会隐约出现于法律文书、文学叙述、布道词或市民日记中，无论它们是让人感到有趣还是愤怒。作者将这些零散的信息提取并剥离出来，例如从一份宪兵的笔录中辨析目击者的陈述以及周围人对事件的评论。随后，他对这些片段进行收集、对比和相互关联，试图重构其所反映的观念世界。为使研究更加全面，作者还参考了当时的面相学手册、医生和哲学家的文字及著作、礼仪条约、《女士美容秘籍》、王室法令、手套香水工匠的行业规定、药剂师和工匠的遗产清单，以及嗅觉相关的图像资料等，利用不同类型的材料对同一问题进行验证和补充。

尽管这一方法可能存在一定的误差，但这并不足以否定其有效性。更何况，任何历史重构都不可避免地包含主观性，而在现阶段，还没有其他方法能使这些被历史遗忘者的声音——哪怕是微弱的声音得以重现。

（二）通过气味理解瘟疫和环境史

穆尚布莱在本书第五章"魔鬼的气息"中讨论了气味在十六、十七世纪时的大规模瘟疫历史中的重要作用。作者揭示了当时的人们所认为的瘟疫的起因、抗疫的政策、民众防疫的方法，瘟疫时期的气味与宗教思想之间的关系、由此诞生的香味物品，以及新的气味观念。近 20 年来，一些与基因有关的科学发现显示了欧洲中世纪以来的黑死病的元凶、范围和阶段。[1] 作者穆尚布莱的讨论没有涉及当时瘟疫真正的原因，而是偏重探讨瘟疫时期，民众对瘟疫的认知、观念和行为。经历过新冠疫情的当代读者或许可以很好地理解防疫和抗疫的观念和看法的重要性，它全面反映了极其复杂的社会现实和时代背景，而且它会随着时间而变化。本书中的气味史就为我们打开了这样一个理解瘟疫和环境的视角。

在 1580 年至 1650 年间，许多法国城市都经历了瘟疫。当时的

---

[1] Hendrik Poinar, Past Plagues: On the Synergies of Genetic and Historical Interpretations of Infectious Disease in *Death and Disease In the Midievual and Early Modern World*, edited by Lori Jones and Nükhet Varkik, The university of York, 2022.

人们延续了古罗马人对瘟疫的看法,认为瘟疫的起因是空气质量失常,其征兆是强烈的腐烂的味道。人们认为瘴气和臭味是有害气体,在空气中传播。"尸臭""疫气""腐臭"都是危险的信号。另外,医生们还把潮湿和污浊的瘴气与地狱以及横行大地的魔鬼的气息联系起来。而引发瘟疫的根本原因在当时的人看来,是因为上帝对于犯了罪孽之人感到愤怒而降临了瘟疫。

因此,当时的人们认为城市较之于乡村更受到人的罪恶的腐蚀。城市里的臭味骇人,管理者通过驱逐和隔离措施抗疫。例如在1438年的流行病期间,穷人和猪甚至被驱逐到了城墙外。在1619年的那场瘟疫中,有关规定要求接触过病人的人需要进行为期三周的隔离,外来的人、流浪者和农民被驱逐出城。此外,还要焚烧垃圾,并把一些场地拆除,例如墓地旁的住房、垃圾场、屠宰场、鱼店、制造手工坊等。人们还主张大量捕杀猫狗。总之,当时的医生认为瘟疫先从贫穷和肮脏的人和地方下手,这些人往往挤在狭小的活动空间中。16世纪对抗黑死病的医生们身着全封闭的服装,佩戴一个面具,上面有长达16厘米左右的鸟嘴,以防有毒空气的渗透。他们还需要在嘴里放大蒜和芸香,在鼻子和耳朵里放一点乳香。

作者详细介绍了人们如何运用香味来防止瘟疫的传播,驱散魔鬼的气息。他在书中的举例和描述十分细致和具体,他提到:无论是在干净的还是受污染的场所都必须净化空气。香水和香味被用来预防瘟疫的传播。人们在脸上、身体和手上涂上香脂,如同涂消毒药水一样。当时还十分流行随身携带一个香料球,时常闻一闻,里面通常装龙涎香、麝香。人们通过燃烧抗腐化的木头来对抗瘟疫,其中还可以混合有香味的草来增强效力。也可以把香料碾成粉末投在甘草上，然后覆盖在物体上点燃净化空气。另外，人们还在夜间或黎明点火熏香赶走腐烂的气息，驱散黑暗，让香气升到天上平息神的怒火。人们还在用香草和芳香物质给衣服沁香。十六、十七世纪的人认为香味和芳香的物质可以抵抗疾病，激发人身体的精神的防御机制。它不仅起到消毒的作用，也让人心情愉悦，还是一种精神的净化。有罪之人把自己封闭在香味的气泡里，与人群隔离，等待重新获得神的宽恕。

本书的历史研究的阶段止于19世纪初。我们知道随着19世纪后期细菌学的发展（例如路易·巴斯德的细菌理论和罗伯特·科赫的研究），人们逐渐认识到瘟疫的真正来源是微生物，而非瘴气。然而，瘴气理论遗留下来的城市卫生基础设施（例如下水道、供水系统、垃圾清理）对城市化的长期发展和公共健康产生了深远影响。虽然瘴气理论是错误的，但它促使人们改善公共卫生，如清理街道、排水系统建设等，这在一定程度上减少了疾病传播。在书的第二章"遍布的臭味"中，本书作者向我们揭示了16世纪至19世纪初，气味与城市和自然之间的关系。

作者在第二章中讲到，十六、十七世纪时，城市里的臭气熏天，越来越多有财力的人们在夏天逃离巴黎令人窒息的空气，去往乡村的别墅。人们向往卢梭所描述的天然、正直的自然。18世纪时，在巴黎周边的乡村建造别墅或庄园成为有钱有权的人的风潮。这一现象是飞速发展的乡村城市化的开端。本书中补充了为何城市化的过程中城市与乡村之间的互动也增加了。[1] 另外艺术史的研究

---

[1] Paul M Hohenberg, Lynn Hollen Lees, *The Making of Urban Europe*, 1000–1994, Harvard University Press, 1995.

表明，欧洲人重新发现乡村与发展对风景的审美与城市化有关。本书的作者穆尚布莱为这段城市和乡村之间的相互连接的历史提供了嗅觉感受的新角度。[1]

（三）被审视的女性气味和器官——先锋性的女性主义历史书写

现代人可能了解到的性别歧视的种类包括容貌、年龄、智力、能力、情绪等，作者在本书第四章中论述了欧洲历史上女性受到的气味歧视。在欧洲，女性自两三千年以来被指摘气味比男性难闻，这种歧视在十六、十七世纪加剧了。当时的医生也认为女性的味道比男性还臭。女性不仅因为月经和生殖器被指责体味难闻，而且生病、年老的女性身体的气味也被认为是恶臭的。经血被认为是有毒并且会导致感染的。人们把女性身体的气味与潮湿和阴冷的地狱联系起来，而男性的身体与热、光和上帝联系起来。包括知识分子、医生、宗教人士和政客在内的男性权威共同塑造了贬低女性的眼光，以及对女性的气味和身体的恐惧和厌恶。在这种观念的影响下，女性对自身感到耻辱。实际上在十六、十七世纪，女性的气味被魔鬼化了，女性被如此巧妙地监禁在对自己身体的恐惧中。

在与日俱增的道德礼教的折磨下，人被要求压抑自己的动物性和肉欲以此缓解恐慌。那些不贞之人会受到法律严厉的处置。人与人之间开始保持身体的距离，避免触碰。不过，即使当时的医生和艺术家声称女性的身体散发臭味，实际上她们对于男性仍然具有迷

---

[1] Andrews Malcom, *Landscape and Western Art*, Oxford University Press, 1999.

人的魅力。当时的婚外性关系、卖淫和通奸属于刑事案件，意外怀孕的女性可能会被极端地处罚。在 16 世纪末期，隐瞒怀孕导致婴儿死亡的女性被处以死刑，因为这被当作是讨好魔鬼的行为。

女性的着装打扮也受到了宗教道德的审判，那些裸露肌肤、着装时髦、佩戴假发、涂脂抹粉、喷洒香水的行为被认为会招引魔鬼进入她们嗜好肉欲的身体中。在十六、十七世纪，女性裸体的含义发生了深刻的变化。虽然在过去，新柏拉图主义的信奉者例如画家波提切利认为美丽的裸体与美丽的灵魂是一体的。而到了 16 世纪末，整个欧洲都流行起了西班牙时尚，人们把所有部位都遮挡起来——佩戴手套，颈部穿高领或打褶颈圈，头戴帽子或头饰。许多短篇故事、腥膻小报和上流社会流行的悲剧文学中都虚构了男性被激情左右，与妖娆的女性艳遇后的悲惨的故事，常以变成恶臭的尸体为结尾，以此警告不虔诚的人，以及与魔鬼为伍的人的危险。

另外，穆尚布莱对大量医生的文本和著作的研究揭示了女性在一个被男权掌握的医疗话语中受到的身体控制。历史学家凯伦·欧芬（Karen Offen）在关于法国 1400—1870 年间女性问题的研究中也提到，17 世纪的法国学者，物理学家和政府官员对女性的个人行为，包括性行为和其后果都制定了严格的规定，这些规定权力在此之前只属于基督教宗教人士。[1] 气味在这时期的医学和文学话语的建构中发挥着重要的作用。

年老的女性也受到恶劣的攻击。文艺复兴时期的诗人们继承了源自古典时期对老妇极为轻蔑的观念。当时人们普遍认为年老的女

---

[1] Karen Offen, *The Woman Question in France 1400－1870*, Cambridge University Press, 2017.

士气味难闻。即使是文艺复兴时期的艺术家、思想家和诗人也难以免俗,包括丢勒、伊拉斯谟和龙沙的作品中都展现过年老的女性的偏见。许多作家在讽刺诗中表达对女性衰老的身体的强烈憎恶。一些衰老的女性还会被魔鬼学家指控为撒旦的同谋,被推向火刑。在当时,如果女性胆敢表达自己的欲望,人们就会把她们魔鬼化。对女性的妖魔化也让男性权威的监护合理化。直到 17 世纪中,这种情况才发生了缓慢的好转。作者穆尚布莱超越了自身身份的局限,在本书中通过气味揭开西方历史上对女性的集体无意识的形象塑造,并且拓展了他在 20 世纪 70 年代关于欧洲 15 至 18 世纪的女巫的先锋研究[1]——《村里的女巫(15—18 世纪)》。从气味的角度,为女性主义历史书写提供了独特的视角。

这场穿越欧洲历史的气味之旅,以通俗而深刻的方式,引领我们探究风俗、观念与文化的演变,揭示嗅觉与感官在认知与思考中的重要作用。它启发我们重新审视熟悉的日常生活与世界,思考气味如何连接并塑造我们自身与周围的环境。

---

[1] Robert Muchembled, *La sorcière au village* (XVe-XVIIIe siècle), Gallimard, 1979.

目录

导　言　1

第一章　独特的感官　7
科学是否总是客观的？　7
危险意识、情绪和肉欲　11

第二章　遍布的臭味　23
中世纪城市里恶臭的空气　24
城市垃圾场　26
有利可图的气味　33
职业污染　38
臭味呛鼻的乡村　42

第三章　令人快乐的物质　48
博大精深的排泄文化　49
芬芳的颂诗　52
短篇故事作者的笑谑　59
到达的方法　72
臭肠风　78

第四章　女性的气味　86
女性气味的魔鬼化　88

女士气味不佳的时期　93

保持距离　96

使女性产生罪恶感　98

引发情欲的气息　109

腥膻小报　111

文学遗臭　113

老妇与死亡　116

魔鬼般的快感　122

第五章　魔鬼的气息　126
有毒气体　127

瘟疫肆虐的城市　129

芬芳的护甲　134

香气仪式　139

芸香、醋和烟草　142

香料球　145

第六章　麝香香水　150
回春泉　151

龙涎香、麝香、麝猫香　163

手套香水师工坊一瞥　169

情色皮革　173

太阳王底下没有新鲜事？　178
升华死亡　185
动物大屠杀　187

第七章　文明化的花香精华　189
香水革命　192
沐浴的享受　196
性感的面孔　200
芳香毛发　204
香粉的气味　206
皇家香水师　214

结　语　223

资料与参考目录　237
关于引文的提醒　237
主要手稿资料　237
　法国国家档案，巴黎　237
　法国加来海峡省阿拉斯市立图书馆　238
　印刷资料　238
参考目录选　244

著者著作　254

导　言

诺贝特·埃利亚斯（Norbert Elias, 1897—1990）提出了一个关于西方文明进程的整体视角，该视角基于情感逐渐被驯化，导致主体自我控制能力不断增强。[①]他解释了原始情感如何逐渐从公共空间的中心位置被摒弃，取而代之的是高度规范化的礼貌行为，这些行为定义了所谓的"良好风度。"埃利亚斯的理论以欧洲为中心并极为乐观，由此引发了诸多讨论乃至争议但仍享有盛誉。这一理论秉承了古老、多元的人文主义思想。其代表性的思想家们相信人类会随时代而进步，正如作者伊拉斯漠（Érasme）所描绘的那样，他梦想着一个即将到来的黄金时代，并被埃利亚斯大量引用；又如孔多塞，他认为"人类正以坚定而稳健的步伐走在通往真理、美德和幸福的道路上。"

1939年出版的埃利亚斯的著作《风俗的文明》对于当时纳粹阴暗的威胁可谓一剂精神良药。但它显然没有运用今日的科学知识去探讨人的感官现象。埃利亚斯以路易十四（Louis XIV）当政时

[①] Norbert Elias, *La Civilisation des mœurs*, Paris, Calmann-Lévy, 1973（1re éd. allemande, 1939）.

的宫廷为主要案例,把文化的过程与对身体功能的压抑以及对过度或不雅反应的贬低联系起来。上流社会的人们从孩提时期就开始学习新的行为方式。在埃利亚斯看来,(他们)越来越压抑个体的攻击性,进而逐渐形成一种新的行为规范,并随后被社会其他群体逐步接受。

沿着这一颇有价值的思路,我们还可以补充一些问题。嗅觉曾是一些创新教材中经常谈及的问题,比如在伊拉斯谟于1530年出版的拉丁语小众刊物《儿童礼仪》(*La Civilité puerile*)随笔中,嗅觉是这本书的主线。新的科学发现增进了人对情感及其记忆的理解。嗅觉可能是唯一不由先天决定,而是通过后天经验习得的感官。[①] 它具有双重性,易被情感信息所引导:不是被引向愉悦、快感,就是被引向与之相反的害怕、厌恶的感觉。因此,我自认可以运用古人留下的众多信息来实践一种经验历史。

我们需要试图厘清他们的世界、他们的感知以及他们的想法的所有运作模式,而不是向他们投射我们自己的预设。经过这样一番努力之后,历史研究方法方能达到某种客观性。因气味引发的厌恶并非完全由生物本能预先设定,而是一种原初的感官体验。比如说,欧洲儿童至少要到四五岁才能养成对自己粪便的反感。当代人很少承认这点,他们宁可相信这是自然而普遍的现象。但这其实是几个世纪以来文化压制的结果。人们试图让每一代人如此延续个体对排泄物的排斥与羞耻感。人只要闻到一丝排泄物的气味都会感到恶心。看到这类东西、读到相关词语,甚至是关于粪便的玩笑也会

---

① Voir ci-après, chapitre premier.

不自觉地心生厌恶：人对负面气味的感觉形成以后，所有同类的负面感觉都会传达至意识。然而在十六、十七世纪，情况完全不同。虽然大多数人的物质生活与臭味息息相关，但是当时对臭味有强烈感知的人却凤毛麟角，这些人不同于当时大多数的知识分子，往往是豪放的粪便文化的作者、爱好者和传播者。①

《气味的文明史》向诺贝特·埃利亚斯开拓性的研究致敬，但本书的视角不如他的视角那样线性，观察到从文艺复兴至法兰西第一帝国期间发生的重大嗅觉变化，并不遵循人类思想必然进步的简单框架。与之相反，在过去，人对气味的解读主要被成见主导。此书并不求为过去任何一个美好时代正名。因为在过往的时代里，臭味是十分骇人而普遍的。当时的空气中，特别是在被城墙包围的城市里，弥漫着恶心的气味及危险的污染物。在18世纪人口大幅增长后，城市的气味变得愈发难以忍受。在工业革命时代至19世纪末安装下水道系统之前，它的气味可谓恶臭（第二章）。这种状况持续了很久，因此我们难以相信在法国旧制度时代，气味发生了重大变化主要是因为人们在抵抗普遍的腐臭空气过程中所取得的重大物质进步。当代人尽可能地去处理臭味。而在当时，人们因经常看到、闻到大量拉伯雷式（rabelaisienne）"愉悦的物质"，并不厌恶人或动物的屎尿。另外，医学上还用它提炼制作了许多药方或美容的秘方。这些让人欢欣的污物直到17世纪20年代还在法国文学尤其是诗歌中占一席之地，而如今我们对它反感至极。粪便的气味就像体臭一样有助于人对色情和性欲的认知，无论是对于当时的社会

---

① Robert Muchembled, *L'Invention de l'homme moderne. Culture et sensibilités en France du XVe au XVIIIe siècle*, Paris, Hachette, «Pluriel», 1994, p. 55–61, et ci-dessous, chapitre 3.

精英还是普通民众都是如此（第三章）。

反对这种习惯的少数群体在宗教战争的悲剧时代迅速壮大。赞成不宽容主义的天主教或加尔文派教徒从1620年起开始强烈地攻击人的动物性。他们无知地利用气味二元性的简化认识来教导越来越多的学生和模仿者：无处不在的魔鬼，潜伏在人体的下部，在粪便和尿液中，这为后来的分析心理学所继承的肛门压抑理论奠定了遥远的基础。教徒最激烈的言辞是针对女性的。医生们传播了这些观点，因为他们认为女性天生令人恶心，尤其是在月经期间。年长的女性们更是深受男性的厌恶，许多文学作品都培养了这类厌恶之情。她们被指控与腐朽的魔鬼有着极大的亲密关系。其中一些人被当作女巫烧死，这发生在我们历史上最厌恶女性的时期之一（第四章）。根据同时期的医学解释，可怕的瘟疫之所以再次出现是因为魔鬼有毒的气息污染了空气。龙涎香、麝香、麝猫香成为对抗恶魔气息必不可少的防御物。魔鬼的气息是罪恶的隐喻，被当作可怕的传染病的元凶。人们于是开始穿戴用真香制成的防疫盔甲。另外，医生们还说这些有害的臭味可被更臭的味道驱除。因此，无数学者的论著都在说明致命的疾病与恶心的气味有关，而美妙的气味，包括圣人尸体的味道，则被当作通向天堂之门之物（第五章）。

因此，最好的香水最初的气味令人厌恶、具有预防性作用。它显然也被使用在性吸引的游戏中诱惑别人。香水的气味模棱两可，传递最糟糕和最美妙的气味：尤其是来自被残忍猎杀的异域动物性腺的气味，散发着当时的人们所能感受到的死亡气息，与包含着情爱的生命力表现紧密相连。不论贫富，人们都已习惯把香水当作对抗瘟疫的唯一药物。在禁止用水和沐浴的两个世纪后，香水还成了掩盖浓重体味的唯一手段。因此即使审查官们保证涂香水来享乐的人会受到下地狱的惩罚，也毫无用处。香水的大获成功让手套香水师们发家致富。因为任何功能的衣物和皮革都需要沁香，以此保护穿着者免受感染。现代的第一次气味革命重塑了从文艺复兴时期到路易十四统治期间的气味感受，香水成为一种时尚（第六章）。在启蒙运动时期发生的第二场气味革命中，人们完全摈弃了麝香味的香水，并用水果、鲜花或香料味的香水取而代之。不过对于臭味的控制并没有发生关键性的进步，这场气味革命主要来源于社会和文化的选择。无论再有钱有势都无法逃脱有毒、粪便气味的恶化境况，难道这场气味革命是人们采取的一种回避方式？它基于人们对附着于皮革和香水之上的病态臭味与日俱增的厌恶之情，这两种物质都来自动物的尸体。实际上，集体的感官产生了巨大的演变。1720年后就不再有瘟疫了。人们对魔鬼的恐惧也随之减少，用气味来对抗邪恶势力的做法于是变得不再必要。另外，厌女观念的削弱也使佩戴气味盔甲的男性们的强力爱情攻势过了时。美妙、柔和的香味独占鳌头，犹如女性特征所做的反击。这种气质建立在对自然的柔和化的视角上，尤其是在贵族文化或充满哲学启蒙的沙龙文化中。1789年至1815年期间，麝香气味再次流行，显示了这个时代的战争、征服特性，不过花香或果味的香水并没有因此失去优先的地位（第七章）。

如今它们仍是女性们最喜爱的香水。我们的时代并不是完全除臭的，尽管一些时评不这么认为。后者的解读只不过掩盖了关于痛苦和死亡概念所经历的巨变。尽管它们后来已经消失在人们的视线及空气之中了。西方人当然没有丢失嗅觉这一生死攸关的官能。即使它从前备受忽视，然而最新的科学研究不仅重新发现了嗅觉，还把它提升至最敏锐的感官——可以觉察到几十亿种气味。若要理解嗅觉的声誉为何骤然恢复，历史研究应该首先着手考察这个趣味盎然的主题的当前学术知识现状。

第一章

独特的感官

直到 2014 年，嗅觉仍然是一个被严重低估，甚至被轻视的感官。它太动物化，妨碍了人类在科技和科学迅猛发展时代中对卓越地位的追求。作为野性过去的无用遗物，嗅觉在我们去臭化的文明中被强力压制。科学家们对此并不感兴趣，他们从未尝试验证前人关于人类嗅觉最多能够辨别 1 万种气味的普遍看法。的确，嗅觉与视力相比小巫见大巫，视力能够辨别数百万种不同的颜色，而听力则能够区分近 50 万个音调。它仿佛陷入生物演化中的死路，缓缓地走向衰亡。

科学是否总是客观的？

2014 年，一项重大的发现在科学界掀起轩然大波：纽约洛克菲勒大学的某研究团队表示，人类可以识别出的气味超过一万多亿种。[1] 位居末流的感官陡然晋升首位，成为最敏锐的感官，这是否证明：

---

[1] Caroline Bushdid, Marcelo O. Magnasco, Leslie B. Vosshall, Andreas Keller, «Humans Can Discriminate More than 1 Trillion Olfactory Stimuli», *Science*, n° 343, 2014, p. 1370–1372.

人类的确生活在飞速进步的时代？可惜这个美妙的发现如同龙沙（Pierre de Ronsard）所描写的昙花一现："唉，唉，它的美丽徒凋零。"随后发表的两篇评论文章毫不客气地指出，在这项由 26 名志愿者参与的实验中，用于转换实验结果的数学模型出了错误。[1] 如此情形好比著名美国喜剧《生活大爆炸》（*The Big Bang Theory*）中某集的剧情：一位年轻又严谨的天才研究员谢尔顿·库珀论证了一项新理论，大物理学家霍金对此先是赞赏不已，随后又残酷地补充道，这项论证因计算错误并不成立，令谢尔顿当场晕倒。

历史学家不知道该相信哪一种说法。他们因无法在超出自身知识范围之外的学术辩论中辨别是非，继而转向思考为何会产生两种截然相左的观点。所谓的"硬科学"难道不是永远、完全客观的吗？人们不是一向鼓吹这种说法，以此大肆攻击历史学家所从事的"软科学"吗？

近 25 年来，以嗅觉为观察对象的实验研究逐渐增多。人体近 400 个嗅觉感受器的发现不仅标志着生物学及生理学小有进步，还引起了神经生物学家的强烈兴趣。[2] 鉴于嗅觉具有大量且多样的感受器，神经生物学家把它当作一种理想的参考模型，试图理解细胞如何识别特定的信号。除此以外，每个个体都有一套几乎独一无二

---

[1] Richard C. Gerkin, Jason B. Castro, «The Number of Olfactory Stimuli that Humans Can Discriminate is Still Unknown», eLife Research article, Neuroscience, 7 juillet 2015, http://dx.doi.org/10.7554/eLife.08127; Markus Meister, «On the Dimensionality of Odor Space», eLife Research article, *Computational and systems biology*, Neuroscience, 7 juillet 2015, http://dx.doi.org/10.7554/eLife.07865

[2] Anne-Sophie Barwich, «What is So Special about Smell? Olfaction as a Model System in Neurobiology», *Postgraduate Medical Journal*, novembre 2015, http://dx.doi.org/10.1136/postgradmedj-2015-133249

的嗅觉接收基因，类似于个人印记，与免疫系统等多种系统相关联。①

不过，也不要天真地以为科学仅靠无关利益的好奇心就可进步。近年来人类的嗅觉重获重视，这其实与一个广泛的文明现象有关。其中的深层原因尽管被人掩盖但也不难理解，只需看看谁从中获益最多。香水制造商首当其冲。他们开发了上千种新产品，而且近几年开始向天然的气味领域发展。要知道，直至1990年前后，天然气味香水还难登大雅之堂，一直被贬低生理、道德臭味的人士所排斥。②香水制造商们渴望得到更多资讯，就不断资助更多（有关气味）的研究。其他重要的经济领域也需要获得相关信息，比如环境污染者和他们的对手（环保组织）、卫生和医疗领域，还有更加广阔的食用调味剂管理领域。这里牵扯着巨大的利益。许多聪明、年轻的学者也开始从事回报丰厚的实验，（气味）市场发展迅猛、有利可图。其中有些人对识别人体中是否存在费洛蒙的研究坚持不懈。费洛蒙据说是一种可以吸引异性的化学物质，但尚无实证。2009年的一些实验使得学界至少又向目标更近了一步：他们揭示了"假定存在的人体费洛蒙"的活动，这种化合物由哺乳期妇女乳晕上的蒙哥马利腺分泌，具有挥发性，具体成分尚待识别。在孩子对哺乳的适应以及对母亲产生依恋的过程中，它很可能发挥了

---

① Lavi Secundo, *et al.*, « Individual Olfactory Perception Reveals Meaningful Non Olfactory Genetic Information », *Proceedings of the National Academy of Sciences of the United States of America*, vol. 112, n° 28, 14 juillet 2015, p. 8750–8755.

② Le début du mouvement est présenté par Alain Corbin, *Le Miasme et la Jonquille. L'odorat et l'imaginaire social. XVIIIᵉ–XIXᵉ siècles*, Paris, Aubier-Montaigne, 1986.

重要作用。①

食品行业贪婪地记下对其有利的发现。有些从事味觉研究的科学团队对此展开研究，例如法国第戎的科研组完成了有关女性乳晕的研究项目。应该说这些研究的意义很大，与香水不同的是，它们涉及所有人。这些实验室决定了味觉的出路，研究者们公布哪些味道对人体好，哪些味道对人体不好。在欧洲，一项2008年的欧洲共同体条例禁止在食品中添加某些活性物质，以防增加香味或改变食品的味道。清单中罗列了许多食物中天然包含的物质，它们来自辣椒、肉桂、龙蒿、金丝桃、薄荷、肉豆蔻、药用鼠尾草等植物。②

从这一角度就能更好理解人们关于气味、味道和滋味（口腔可以感受的感觉的总称）的研究竞争激烈了。尽管关于一万亿种气味的文章观点已经被推翻，但这篇文章依旧在非专业的媒体平台上被大量引用、评论、传播，反而驳斥这观点的两篇评论文章反响平平。

近期，对嗅觉的大量研究表明，这一曾被埋没的感官重新获得了人们的重视。诚然，这样的进步蔚为可观，人们对几世纪以来嗅觉被人忘却的局面的改写，离不开市场经济环境和研究的高收益。

然而，没有历史意识的科学不过是灵魂的灰烬——虽说颇为主观，我仍倾向于这样直觉性的推断。20世纪90年代初，我结识了

---

① Sébastien Doucet, Robert Soussignan, Paul Sagot, Benoist Schaal, «The Secretion of Areolar (Montgomery's) Glands from Lactating Women Elicits Selective, Unconditional Responses in Neonates», 23 octobre 2009, http://dx.doi.org/10.1371/journal.pone.0007579
② 欧洲议会及2008年12月16日会议制定了第1334/2008号规定，针对食物的香味与某些自带香味的食物成分，这些成分被用在食品内及食品表面。

一位天赋过人的学生，打算和她一起着手这方面的研究。① 由于当时没有遇到对此特别有兴趣的出版社，因此我们最终放弃了成书的计划。而今形势正好，历史学家可以在这场盛大的气味音乐会中发表一些个人的小乐章。甚至，人们迫切需要这样的声音来证明人类社会科学既没有死去也没有过时。因为在一个受到金钱和冰冷的跨国企业专政、机器人化的世界里，人文社科让生活更有意义。日本政府在2015年要求86所公立大学关闭人文社会学科，或者至少减少（相关课程以及）招生人数，以便把资源集中到那些"能更好地满足社会需求"的领域。2015年9月，其中的26所大学（对于这项政策规定）给出了肯定答复。② 尽管遭遇颇多抵抗，仍有17所机构中的相关领域在2015到2016年间停止招生，而政府部门耐着性子还准备把改革一直持续到2022年。其他国家则更低调地进行着相同的变革，而这些极可能让文化失掉人文精神。我想在这本书中证明，历史和它的姊妹学科对理解当前的世界完全是必不可少的。

危险意识、情绪和肉欲

嗅觉是一个独特的感官。一个研究团队揭示了哺乳期的女性乳晕产生的分子活动有助于个体和物种的存活。所有哺乳类动物也同样如此。人们通常认为嗅觉微弱而残余，这不过是一个人类没有依据的传说。实际上在19世纪和20世纪，嗅觉曾受到主流资产阶级文化的压抑。尽管笛卡尔认为［《形而上学的沉思集（六）》

---

① Aurélie Biniek, *Odeurs et parfums aux XVIe et XVIIe siècles*, mémoire de maîtrise inédit sous la direction de Robert Muchembled, université de Paris-Nord, 1998.
② *Le Monde*, 17 septembre 2015.

(*Méditation métaphysiques*)〕,嗅觉是名列第三的感官,但它后来受到哲学家和思想家们的轻视。康德极力否定嗅觉,认为嗅觉是唯一主观的感官,并把它与味觉联系在一起。此后,弗洛伊德解释说,嗅觉的没落是西方文明的进步浪潮中"对器官的压抑"所导致的。近1750年,研究"空气传染"的卫生工作者公然辱没气味具有"令空气腐败的危险"。在工业时代迅猛的城市化过程中,人们还把气味当作社会阶层间可怕的歧视工具。[①] 对嗅觉贬低直到今天才结束。著名的历史学家罗伯特·芒德鲁(Robert Mandrou)从1961年起直觉性地赋予了嗅觉重要的地位。芒德鲁认为,16世纪时听觉和触觉比视觉更优先,当时人们"对气味和香味"以及美味都"表现得很敏感"。在龙沙的诗歌中,吻不也属于一种芳香吗?[②]

嗅觉系统非常独特。当胎儿12周大时,他们的嗅觉就开始发育了。他们在含有母亲摄入的所有微量化学成分的羊水中就已开始学习、了解嗅觉和味觉了。举例来说,孩子可能会因此熟悉蒜的味道。不过嗅觉需要几年时间才能成熟。一位美国实验心理学家"确信我们的嗅觉偏好都是习得的",但是5种基本味道:咸、甜、酸、苦和鲜(umami)却是天生的,且与饮食经验成体系。[③] 我长期吃北美食物的经历使我对第二种说法产生了怀疑。(北美食物中)常见的甜咸混合与法国口味差别很大,两个国家的美味也不尽相同。

[①] Patrice Tran Ba Huy, «Odorat et histoire sociale», *Communications et langages*, vol. 126, 2000, p. 84–107. Voir aussi A. Corbin, *op. cit.*, et Annick Le Guérer, *Les Pouvoirs de l'odeur*, Paris, François Bourin, 1998.

[②] Robert Mandrou, *Introduction à la France moderne. Essai de psychologie historique*, 1500–1640, Paris, Albin Michel, rééd. 1998 (1ʳᵉ éd., 1961), p. 76, 81.

[③] Rachel Herz, *The Scent of Desire. Discovering our Enigmatic Sense of Smell*, New York, William Morrow (Harper Collins), 2007, p. 32–39, 183–186.

不过，我完全接受第一种观点，虽然它很主观，但非常符合我在这本论著的设想：证明嗅觉是所有感官中最灵活、最可操控的。对研究长时段的历史中发生的文化、社会变化的历史学家来说，嗅觉真是一个意外收获。

嗅觉的另一个特点是它与人类大脑中最古老的部分直接相连，人所接受到的特定信息在这一区域额叶前部的大脑皮层中进行解码。不过，这个"边缘系统"——专家们并不喜欢这一俗称——也是形成记忆和调节情绪的地方，尤其是快乐、刺激和恐惧的感觉。和嗅觉一样，记忆与情绪也由扁桃体来支配。简而言之，嗅觉是情绪初发的中枢。在视觉和其他感官还没有确认信息的有效性之前，嗅觉就以迅雷不及掩耳之势介入大脑以警告潜在的危险。最初的嗅觉警告是非常简单的、二元的，非好即坏。婴儿为了生存，吮吸一个陌生女人的乳头时首先是因为它闻起来香而不是味道好。与之相反，儿童第一次靠近拨开的洋葱时哭是因为他（或她）的三叉神经被激活了：孩子感到痛苦时与他们所厌恶的气味有关。东西本身的味道并无好坏之分，是大脑对各种气味进行区分，然后对它们产生了记忆。大脑可以极好地适应强烈的气味，因为当人置身其中超过15分钟，他（或她）就识别不出恶臭或浓香了。另外，人并不能感受到自己的味道，它飘浮在自身周围，就像一个看不见的、直径1米的气泡，保障着他（或她）的舒适性，如同小说《香水》中对男主角的描写一样。[①] 因此我们需要学习如何辩证地解码气味，气味并不是永久不变的，且在最初片刻散发着一股危险的信

---

① Rachel Herz, notamment p. 53, 84 et Patrick Süskind, *Le Parfum*, Paris, Fayard, 1985.

号。即使是在我们社会中让人深感厌恶的气味有时也需要被详尽地测定。据之前那位实验心理学家称,在美国——世界上最擅长除臭的国家,孩子在8岁之前都喜欢排泄物的味道。他们同样需要到8岁左右才会喜欢香蕉的味道,或识别出成人最讨厌的味道,即所谓的臭奶酪的味道。在法国,人们从未想过自己的国民嗅觉体系在海外可能会得到颠覆性的评价,一些法国人钟爱的产品时常让大西洋彼岸的美国人作呕。可惜的是,如果市场营销做得好,它本可以让人从年幼时期开始就把吃奶酪当作一种享乐而非痛苦,从而促进奶酪的国际销量。一位法国人类学家观察到,孩子在四五岁前对粪便及尿液的味道并不反感。作家蒙田当时还写道,每个人都觉得自己的粪便是香的,伊拉斯谟则把这种说法用在屁上。[①] 16世纪的大文豪们在肛门问题上无所禁忌,我会在第三章中继续讨论这个问题。

嗅觉用来延续个体和集体的生存,帮助人类快速识别并选择接近还是避开食物、性伴侣、食肉动物和有毒物质。[②] 这种千变万化的感官起到保存、接触或排斥的作用,涉及社会结构的巩固,食物口味的形成以及物种的保存。嗅觉不应只是被简化为人类最初的兽性,恰恰相反,这些错综复杂的嗅觉官能定义了人类丰富的特性。胎儿在目前怀孕12周时就开始与母亲的气味进行最初的交换。出生后的最初几天,孩子们会毫无抵抗地被滋养他们的乳头牢牢吸引。孩子从2到5岁起,直至16岁,会通过嗅觉来识别他们的母

---

① R. Herz, *op. cit.*, p. 33, 149 – 151; David Le Breton, *La Saveur du monde. Une anthropologie des sens*, Paris, Métailié, 2006, p. 250 (bulle olfactive), 261 (excréments et urine).

② Gesualdo M. Zucco, Benoist Schaal, Mats Olsson, Ilona Croy, Foreword by Richard J. Stevenson, *Applied Olfactory Cognition*, Frontiers Media S. A., Frontiers in Psychology, 2014, p. 15 (Ebook, site visité le 31 janvier 2017).

亲,因而在很长阶段内都对母亲怀有优先的依恋。① 这无疑和我们社会中提倡的除臭观念背道而驰,同时让我们对女性体味的优势所产生的长期后果有所思考。确实,幼儿时期的学习"将会在我们日后的生命中留下某种印记"。② 最近的一些试验还证明女性比男性能更好地发现、识别和记忆气味。嗅觉机能和生育之间可能还存在一种鲜为人知的关系,这条线索可以让人更加理解为什么人们惧怕女性身体的力量。③ 正如16到18世纪时,人们常常抱怨女性的身体气味极其难闻,我们将在后文中展开叙述。④ 汗腺从青少年时期开始活跃,主要位于乳头、肛门、生殖器官、腹股沟和腋窝。女性的汗腺是否更加活跃呢?如今的行为规范极力促使人们祛除这些身体部位的臭味,相对来说,这是比较容易做到的。因为这些部位散发出的物质本身没有气味,但由于富含蛋白质,一旦细菌进入其中就会释放难闻的气体。⑤ 不过5个世纪以前,人无法消灭这些臭味,因为水和沐浴在当时被认为是危险的,人们最多不过尝试用强烈的香水味来掩盖这些气味。

狄德罗说嗅觉是"最性感肉欲"的感官,启蒙运动的哲学家们对此深信不疑,尤其是卢梭和卡巴尼斯(Pierre Jean Georges Cabanis)。⑥

---

① Voir l'article de Danielle Malmberg, dans Pascal Lardellier (dir.), *À fleur de peau. Corps, odeurs et parfums*, Paris, Belin, 2003.
② Joël Candau, *Mémoires et expériences olfactives. Anthropologie d'un savoir-faire sensoriel*, Paris, PUF, 2000, p. 85.
③ Richard L. Doty, E. Leslie Cameron, «Sex Differences and Reproductive Hormone Influences on Human Odor Perception», *Physiology and Behavior*, vol. 97, 25 mai 2009, p. 213–228.
④ Ci-dessous, chapitre 4.
⑤ R. Herz, *op. cit.*, p. 149–151.
⑥ A. Le Guérer, *op. cit.*, p. 254–260.

继弗洛伊德后，人们略带夸张地谈论"粪便气味对激发男性性欲的作用"。社会学家马塞尔·莫斯（Marcel Mauss）则嗅到"腋窝的汗味与个性之间存在的某些关联"，气味可以让人发现极好的潜在性伴侣。① 然而这项工作所需的精密机制仍晦涩难解，因为我们还未能证明人体费洛蒙确实存在。最常见的理论借鉴的是物种生存的机制。好闻的气味表示携带者身体健康，也就是说这个人具有优质的免疫系统，可以顽强抵抗寄生虫和细菌，他（或她）因此是一个理想的繁衍者。反之，难闻的气味是疾病的征兆，因此也预示着生育繁殖的危险和失败。② 我们之前提到过，二元的嗅觉符号与情绪相连。一个神经生物学家识别了6种他称之为初级和普遍的情绪：快乐、悲伤、恐惧、愤怒、惊讶和厌恶。几种次要的补充情绪则传达：舒适或不适、平静或紧张。最后他写道："我们所有经历过的，都能被愉快或痛苦地感受到。"③ 因此，第一次的嗅觉印象是至关重要的，尤其对于爱情。

因此选择梦中情人不是用一见钟情来定义的，它更像是一次短暂、芳香的神迷。寻找白马王子或白雪公主也由此有了惊人的维度。每个人的气味实际上都是独一无二的，甚至被科学家用"嗅觉印记"来定义。地球上现有70亿种味道，正是嗅觉在不受意识控

---

① 阿兰·科尔班（A. Corbin）：《疫气与黄水仙——18 至 19 世纪的嗅觉与社会想象》，第 249—250 页，文中引述了民族志学家伊冯娜·韦迪耶（Yvonne Verdier）关于 20 世纪沙弟永内地区林区的著作。而我们今天一定听到弗洛伊德对女性性征的看法。莫斯的理论则在吕西安娜·阿·鲁班（L. Roubin）的书中被提及，*Le Monde des odeurs. Dynamique et fonctions du champ odorant*, Paris, Méridiens Klincksieck et Cie, 1989, p. 237.

② R. Herz, *op. cit.*, p. 135–136.

③ Antonio R. Damasio, *Le Sentiment même de soi. Corps, émotion, conscience*, Paris, Odile Jacob, 1999 (éd. Poche, 2002, p. 71).

制的情况下承担起人们识别彼此珍贵的罗密欧或朱丽叶伴侣，使基因一直传衍下去的重要功能。我们还会发现原来许多传说都与此有关。柏拉图构思的雌雄同体在文艺复兴时期被思想家和诗人们不断重新谈起。这种雌雄同体说明了人对灵魂伴侣的不懈寻找：人最初是两个双性的人，他们分离成两个不满于自己命运的实体。这个神话不也默默根植于人类寻觅最佳伴侣的生物性中？男人和女人完全是在他们鼻子的引领下寻找稀有、中意的气味的，可能屡试屡败，就像受欢迎的美剧《欲望都市》中展现的一样。发现过程中产生的正面情绪波会被自动记住，这与它散发的宜人气味有关，再次遇到这种气味就会自发地召唤全部情感，这类系列反应可以被称为普鲁斯特的小马德莱娜蛋糕。这也有助于解释近来大量男女香水及护肤产品回归"天然"的趋势，精明的资本家或许正是明白了其中包含的致富商机。因为刻板地除臭会干扰人的性别特征，取消气味对人直觉性的引导信号。蓄意控制气味的引导信号的文化过程显然是为了把人类和动物区别开来。但如果不把社会机器人化，人类和动物是不太可能被区别开的。换言之，我们很难否定一个显而易见的事实：我们的嗅觉很发达，它只是曾经被不可靠的传说贬低了。另外，关于动物嗅觉的认知也在增长。在科学介入前即使我们不太情愿也得承认的是，哺乳动物中嗅觉最灵敏的不是狗而是猫。因为家猫——我们熟悉的动物中最追求肉欲的——毫不羞怯地招摇着一种热辣的性感。因而阉割手术不仅仅出于所谓为了家猫健康而进行的，更多的是从道德上阉割掉对孩子们的性爱教育，这种教育在以往是十分寻常的。

嗅觉是一种极度社会性的感官。在此重申，它二元化地制造联系或产生排斥。人类各个群体都被自己偏爱的气味所包裹。它主要受当地饮食传统和对气味的集体管控的影响。一项 1980 年间在法国上韦尔东（Haut-Verdon）和上普罗旺斯阿尔卑斯省（Alpes-de-Haute-Provence）进行的人类学调查显示，在当地的烹饪中，蒜和洋葱的组合以及百里香和月桂的组合占主流，因为居民们相信它们能保护自己免受疾病和巫术的侵扰。另外，人们把洋葱与阳刚之气联系起来，香芹则与哺乳有联系。小男孩第一次吃洋葱所克服的痛苦被正面地当作他表现了阳刚之气，这证明嗅觉无限的灵活性。也许最好的恋人既带有他（或她）性别的集体基调，又有他（或她）个人的印记。气味也会随着季节发生变化。在夏天气味带有大量的汗味，在秋天带有农牧神的气味，来自牛棚中排放的肥料气味。另外，人生的每一个阶段都饱含香味的信息。比如在五月，爱情之月，小伙子们或带着山楂和罗勒向姑娘们献殷勤，或用柏树和菊来暗示分离，或用迷迭香来表达互相爱慕的幸福。难闻的气味透露了社会的谴责：人们对不相配的新婚夫妇的非议声附和着驴子被烧死时散发的恶臭。所有地方都是如此，令人恶心的气味预示有人扰乱当地秩序，尤其是外国人，他们的味道明显不好闻。[①] 无须任何词汇就可以辨认出此类危险：他们来自别处，吃不同的东西，散发闻所未闻的臭味。在亚洲，西方人的气味难道不是"闻起来像黄油一样臭"吗？

在所有的文化中，人们都认为气味在人与超自然的关系中——神或上帝，起到了重要的作用。在 3000 年前，古希腊人建立了西

---

① L. Roubin, *op. cit.*, p. 186, 206, 210–211, 241, 257, 262, 269.

方文化中关于这一领域的基本构想。对他们来说，气味不是中性的。它非好即坏，如奥林匹亚的芳香，抑或哈耳庇厄的恶臭——吞噬所到之处所有的东西，只留下粪便。对此，人们把宜人的气味与神明联系在一起，比如普鲁塔克（Plutarque）曾如此描述亚历山大大帝：他从嘴到全身都很香。在他死后，尸体没有任何臭味，坟墓里散发着宜人的香气（基督徒们之后想起这个典故时，发现了体格强健的信徒死后身上散发着芬芳"神圣的味道"这一说法）。普通人当然没有那么幸运。根据古希腊医生的体液理论，男人因为身体温热、干燥，其气味普遍被认为比身体阴冷、潮湿的女人的气味更好闻。尽管如此，一些人的气味骇人。在16世纪的古代医学中，对人最大的侮辱莫过于指责一个人臭得像山羊。一位诗人这样写道：你的腋窝里住着一头可怕的山羊。另一位作者提到比"一头刚做完爱的山羊"更厉害的"恶臭"。人类散发的气味和动物的臭味应该是不同的。人们对体臭、口臭、粪便、尿、腐烂进行批评时，有时是以滑稽的方式，目的是逗人发笑。总之，它很可能是为了摆脱有害气味透露出的人类必死命运。而在古希腊神话中，这些有害气味常常和死亡以及亵渎圣物联系在一起。[①]

古希腊人感受到臭味时会立刻引发对疾病的恐惧之情。法国文化与此相反，近年来流行已久的局部除臭让人想到了除臭其实持久地缓解了人们的生存焦虑。人们回避嗅觉，与人们必须在生病和死亡时保持沉默，这两种习俗是同时发展起来的。法国1776年的一条皇家法令，出于公共卫生的考虑，禁止在教堂或教堂周围地面位

[①] Lydie Bodiou, Véronique Mehl (éd.), *Odeurs antiques*, Paris, Les Belles Lettres, 2011, p. 80, 173, 223, 228-229, 232-233.

置埋葬死者的习俗。因为教堂一般都位于城市或村庄的中心,墓地因此必须要转移到远离人们居住的地方。尽管新的规范一开始受到了强烈的抵抗,但在之后的几个世纪里逐渐被人接受。同时,病人和垂死之人也越来越远离社会的视线,被弃置于医疗机构里。因此,近年来气味的价值被提高很可能表明它目前经历的变化与衰老、死亡有着紧密的关系,尽管我们还无法清楚地识别这一变化的规模和原因。

这项引人入胜的研究最后还涉及需要面对一个巨大的困难:如何把对气味的体验转换成语言?因为无论转换成何种语言,都十分不易。对气味需要有最强感知力的专业人士,例如厨师、法医和调香师,对这个问题也有同感。调香师们建立了一套隐喻性的行话解决了这个问题,用它可以辨别绿色还是粉色的芳香、香料还是草本材料、水果还是鲜花的配方,以及由香脂味、清新自然的气味和龙涎香味组合的不协调的调子。[1] 这个奥秘在于嗅觉、情感和记忆之间具有直接的关联,它们都独立于大脑中支配语言表达的部分。危险警告的二元系统会首先介入,速度快至不需要形成语言。它留下的回忆并没有连接起其余的记忆功能,也并不能随意地被调动起来。因此,许多试图提出一套专业术语的学者,例如著名的里内(Linné)在1756年的尝试,都没有成功。他们的气味术语列表较为主观,不太尽如人意。1624年,让·德·勒努(Jean de Renou)医生就已对气味颇感兴趣,他把气味定义为一种"从气体材料中散发出来的、薄得透明的物质",并且将气味和味觉进行类比。他

---

[1] P. Lardellier (dir.), *op. cit.*, p. 99, 137.

的书中 100 多页的内容里都出现了这一概念。勒努辨认出 9 个种类，并根据体液学说将它们分类：炎热引起的辛（刺激性的）、苦、咸；由极冷引起的酸、淡、涩；由温热引起的甜、油、乏。他认为，由于我们嗅觉微弱，因此无数的气味没有被命名。①

今天的科学仍在积极地研究一种可以被所有地区和所有人群广泛接受的气味表。2013 年在美国开展的一项析因分析调查把人能感知到的气味分成 10 组共 144 种彼此互相关联的组合：香味、树脂味、柠檬味以外的果味、腻味、化学气味、胡椒薄荷味、甜味、爆米花味、柠檬味和苦涩味。② 目前尚不清楚这项分析调查是否为近 400 年以来气味研究领域里取得的决定性的进展，又或者，所谓决定性的进展是否真的会存在。从 1624 年至今，只有"苦味"一直稳居气味表，"咸味"被"甜味"所取代。美国推向世界的食品和饮料中，甜味实际上是最主要的味道，不过它们更多的是口味而不是气味。"香味"和"化学味道"使人有点困惑，因为它们的语意范围太广、太模糊了，以至于很难想象全世界的人对此会有统一的认识。"爆米花的味道"很可能也是这样，虽然它广为流传，但全世界的每个城市或乡村中并不都有它微甜的香味。这个学术性的气味表是否在无意间受到了研究者们个人"品位"的影响？当我们向其中一位研究者杰森·卡斯特罗（Jason Castro）问及为何"爆米

---

① Jean de Renou, *Le Grand dispensaire médicinal. Contenant cinq livres des institutions pharmaceutiques. Ensemble trois livres de la Matière Médicinale. Avec une pharmacopée, ou Antidotaire fort accompli*, traduit par Louys de Serres, Lyon, Pierre Rigaud, 1624, p. 32 – 33.

② Jason B. Castro, Arvind Ramanathan, Chakra S. Chennubhotla, «Categorical Dimensions of Human Odor Descriptor Space Revealed by Non-Negative Matrix Factorization», 18 septembre 2013, http://dx.doi.org/10.1371/journal.pone.0073289.

花"气味的类别包含了"树脂味"中相同的元素,他回答道,因为没有足够的词汇来描绘气味惊人的复杂性。另外,气味的分类"仍旧是开放的"。他解释说,气味本可以仅分成9到11种,不过10种选择看起来"更有意思"。[1] 也就是说,在看上去很严谨的析因分析的结论中,潜移默化地渗透了软科学的主观性。这样做的目的难道不就是为了用一系列区分气味的专业术语来吸引财团,尤其是食品和香水领域财团的注意?有了这些术语,人不用闻就能辨识气味。我们甚至可以想象,基本(气味)种类之间的相关性被发现后,便能开发一系列的需求。比如刺激美国电影观众——他们特别喜欢爆米花的味道,去消费树脂味或相近气味的产品和香水。谁能预言到"普鲁斯特的马德莱娜"诗意的效应有朝一日可以转变成科学和经济创新的强效助力?

---

[1] «Les 10 catégories d'odeurs les plus répandues», *Le Huffington Post*, 20 septembre 2013: http://www.huffingtonpost.fr/2013/09/20/dix-categories-odeur_les-plus-repandues_n_3960728.html (site visité le 30 janvier 2017).

第二章

遍布的臭味

美好的时代并不存在。过去,欧洲城市和乡村臭得可怕。虽然缓和点说,以前最恶劣的臭味不一定比今天的污染更严重、更让人窒息,但这忽视了许多行业生产造成的腐烂对民众的有害影响。相关的思考其实非常少,这并不是因为没有相关的证据——证据其实比比皆是;也并非因为当时的人的感受能力弱——(研究者们)经常做此假设然后偷懒地草草了结了这项研究。我们经过长时间的训练,习惯了在一个干净、有序的环境中关闭嗅觉。因此我们的感官会反抗干扰性的现象。只有少数挑衅者敢谈论这些说不上名字的东西。一个研究者肯定地说:"因为任何味道最初都是屎的味道。"[①] 这句话看起来不太完整,因为这需要看接收到这个气味信息的人认为它是好闻的气味,还是不好闻的气味。不过这都取决于所涉及的时期:在我们的时代,孩子需要学习很长时间才会对排泄物感到恶心,不过在文艺复兴时期却对此没有任何条件反射。在所

---

① Dominique Laporte, *Histoire de la merde*, Paris, Christian Bourgeois, 1978, p. 74.

有的文化里，负向的信号发向大脑，含有死亡的意思，警告有毁灭身体的危险；而正向的神经冲动连接着生命和愉悦。

没有任何人类社会对气味无感。气味通常被当作神奇的互动工具。（人们用）多种多样的仪式来预防最臭的味道，或与之相反，用最宜人的气味和芳香来吸引神助。① 在建造（粪便污水直通下水道的）排水系统之前，西方人对他们生活于其中的恶臭非常敏感。作为时代的代表瑞典人卡尔·林奈（Carl von Linné）于1756年提出了一种主观的气味分类法，在其中列出了七种自然气味类型：芬芳（石竹、月桂），清香（百合花、藏红花、茉莉），馥郁（龙涎香或麝香，源自动物），蒜味（蒜、古波斯戒尺），臭味（公羊、缬草），令人厌恶的气味（印度石竹、许多茄科植物），令人作呕的味道（葫芦科）。② 由于无法有效地抵御腐臭的气味，尽管这些气味可以被命名，人们只好对其忍耐，尤其是在这些气味充斥的大城市里。我们在前文中提到，最臭的气味在约15分钟后便会不再为人察觉。这些气味给人们带来了严重的卫生问题，职业病先驱拉马齐尼（Bernardino Ramazzini）早在1700年就意识到了这点。

中世纪城市里恶臭的空气

试图辨认对污物的排斥的具体开始时间是徒劳的。自古以来，

---

① «Hommes, parfums et dieux», *Le Courrier du musée de l'Homme*, n° 6, novembre 1980 (journal d'exposition).

② Cité par Augustin Galopin, *Le Parfum de la femme et le sens olfactif dans l'amour. Étude psycho-physiologique*, Paris, Dentu, 1886, p. 19–20.

人们就已经识别并尝试限制这些有害物质。在中世纪的词汇中，表示这些主要原因的词语不但丰富而且还很有表现力：粪、（鸟兽的）屎、烂泥、龌龊、垃圾、废水、恶臭、黏液、污秽、淤泥、肥料、臭虫、腐烂……如果情况难以忍受的话，受害者会向当局提出要求补救。1363年，巴黎大学的老师和学生就因此向国王抱怨他们隔壁的肉店老板。他们"在屋里屠杀牲畜，并且不分昼夜地把它们的血和垃圾倒在圣热内维埃夫街上（rue Sainte-Geneviève），好几次都在屋内堆积如山、旷日持久，以至都变质、腐烂了。于是他们日夜把它们扔到街上，包括莫贝尔广场上（la place Maubert），周围所有的空气都变质、发臭了"。3年后——当时的审判很少有比今天更快的，最高法院向肉店老板罚款，命令他们在巴黎城外的河边屠宰动物，然后再运至市内售卖。[①]

气味污染常常来源于动物。因为除必不可少的马匹用作出行和交通工具外，禽类动物、猪、羊也在城市中自由行走寻找食物，包括在巴黎。还有一些游荡的动物，包括人类最好的朋友——狗，尽管在一些城市尤其是勃艮第辖区有"杀狗"官员按宰杀数量领赏，狗的数量仍不断增长。只有受到传染病严重威胁时，当局才会限制动物的数量，动物的粪便都成了城市的装饰了。其实当时的人类也这样（排泄）："扔废水"、泄掉肚里的东西、随地吐痰。

[①] Jean-Pierre Leguay, «La laideur de la rue polluée à la fin du Moyen Âge: "*Immondicités, fiens et bouillons*" accumulés sur les chaussées des villes du royaume de France et des grands fiefs au XVe siècle», *Le Beau et le Laid au Moyen Âge*, Aix-en-Provence, Presses universitaires de Provence, 2000, p. 301 – 317. Voir aussi, du même, *La Rue au Moyen Âge*, Rennes, Ouest France, 1984, et *La Pollution au Moyen Âge dans le royaume de France et dans les grands fiefs*, Paris, Gisserot, 1999.

有些行业特别烦扰邻居：肉店老板、经营猪牛羊内脏的商人、鱼贩、陶瓷匠（他们出于需要有意在使地窖里黏土腐烂，无论巴黎或是别处）、画家们用金属氧化物制作颜料。最糟糕的行业要数皮革制造商、手套商、缩绒工，以及大量使用动物材料、有毒植物和腐蚀性物质的人。这些物质包括明矾、酒石、苏打，以及尿，包括人的尿、鸡粪、狗的排泄物。它们会加速纤维的发酵和腐败。人们试图把从事此类行业的人移出拥挤的市中心，把最臭的东西移到城外、河下游，以便勉强维持可用饮水的质量。但是，城市激增的过程中伴随着从中世纪末起恶化的毒气。人们揭露了越来越多的"臭味"、臭水和有害的空气，尤其在夏季令人呼吸困难。人们越来越明显地感到不适，这反映了一些方面的进步。比如人们安装了男女私人"坐便椅"，还有公共的大便槽，它们通常位于河流的洼地或向外延伸的地方。除此以外，还有城市居民在教育方面的努力，当地权力机构也担负起责任来限制垃圾的堆积、防止大便槽和墓地散发有害气体。除设立经济上的惩罚外，人们建造了公共粪坑、下水道、天沟，在主要交通干线上铺上路。这些都有助于减少臭味。不过，直到几个世纪以后才发生了真正的改善。

城市垃圾场

从 15 世纪开始，针对环境危害和臭味制定的当地治安规章越来越多，但这并不能说明人们对臭味有了意识，而是说明气味污染的情况越来越糟。其主要原因是城市人口的激增。在法兰西王国，城市人口比例在 1515 年时可能超过 10%，在 1789 年时达到 20%。在法兰西第二帝国时达到了 50%。城市被城墙包围，人口密集。在

1720年前出现了好几场可怕的瘟疫,人们在鼠疫肆虐的城市里完全要窒息了。在工业化之前,城中越来越多的污染行业使它充溢"恶臭、喧嚣与流言蜚语"。18世纪50年代,少数清醒的进步人士倡导"通风",不过,这星星之火未成燎原之势。许多城市人对他们的哲学理论漠不关心,宁愿无视变局,也不愿为当局要求的改善措施付出大笔资金。更别说有些不适与他们的旧习有关,甚至能让他们保留某种骄傲和愉悦。让19世纪的卫生学家们沮丧的是,他们注意到农民拒绝把家门口堆积的肥料搬到别处,这是因为肥料堆积的高度是一种外在的财富象征。城市里的情况也同样如此,包括弗朗索瓦一世(François Ier)时期的巴黎。

在格勒诺布尔(Grenoble),"街道负责人"监督石子路的卫生状态。他们对于城市人的惰性无能为力:1526年下令要求拿走的堆在屋前的肥料,到了1531年又再次出现。① 这个小城在路易十三时期大约有1.2万个居民,充满了有害气味。不被遵循的规章制度以及途经的旅客皆可做证,例如,1643年有位游客说这些道路"十分丑陋、肮脏"。尽管历史学家描述的是这样一个末日景象,但当时的居民们依然生活在这样臭气冲天的地方。这并非他们的嗅觉不如异乡人的敏感,而是因为他们早已习惯这些臭味,很少再能闻得出来。

格勒诺布尔纵然景色宜人,可它的城市及郊区与当时其他的城市十分相似。垃圾(比如人和动物的排泄物)堆放得到处都是,尤其在受污染的街道和城墙边。堤道中间的运河会冲走这些混杂着

---

① Nathalie Poiret, «Odeurs impures. Du corps humain à la Cité (Grenoble, XVIIIe – XIXe siècle)», *Terrain*, n° 31, septembre 1998, p. 89 – 102.

雨水和污水的物质，这些堤道每一边都朝中间的排水沟倾斜。人们于是把马路上沿让给体面的人，以防他们被难闻的污泥弄脏，或碰到溢出的臭污水坑。有些动物在此寻找食物，比如被誉为天然管道清洁工的狗和猪，也可能是它们格外喜欢人的粪便的味道，尽管古代的医生们认为人的排泄物比动物的还要难闻许多。① 有些特殊事件会干扰当地人的嗅觉，比如伊泽尔（Isère）或德拉克地区（Drac）突然涨水。根据1733年的观察记载，涨水留下的"臭烂泥，混合了公厕和坟墓"的味道。如果我们还记得（前文所说），从前人去世后往往是被埋葬在与地面齐平的地方，那就更容易理解了。如中世纪时，某些行业散发的味道特别令人不适。包括肉店、剥动物皮的商店、（牛羊等）下水商、蜡烛制造商、猪油商都臭名昭著。17世纪的纺织和皮具制造业的发展都使空中的臭味更浓，但它没有引起人们对手工业者大量使用的排泄物或尿的任何反感。这些排泄物堆积在缝纫工厂的门口，以显示商家生意兴隆，就像肥料一样吸引客人。直到1901年，人们把尿桶放在主要的十字路口，来盛放手工业者和行人的混合物。尿桶里的东西被皮革商、（皮革）整理商、缩绒商们瓜分。皮革商们，包括许多手套商也使用动物的尿及狗的粪便制备皮革。一些织物作坊里的臭气与皮革店不分上下。他们用混合了醋的尿液来固定织物及皮革的颜色。还有缩绒工把呢绒浸在尿和温肥皂水的混合液体里除去污垢，然后光脚压揉呢绒。淀粉商们把小麦的种子长时间泡在水里使它腐烂，他们也沉浸在发臭的酸气中。生产石灰或石膏的窑炉由于会释放难闻的烟和碳酸而被

---

① Jean Liébault, *Trois livres de l'embellissement et ornement du corps humain*, Paris, Jacques du Puys, 1582, p. 507.

搁置在墙外,这些窑炉会在风向不利的时候污染城市。不过讽刺的是,石灰还是一个绝佳的除臭剂。人们用它来漂白房屋和布单、冲倒排泄物,或在埋葬时使用,尤其在传染病席卷后的公共墓地里。在瘟疫时期,人们认为石灰具有预防功效。因此在 1597 年有人建议"经常漂白织物、为衣物上香。如果没有可以为空气、水、火和土地消毒的东西,那么就加一些香水"。格勒诺布尔人和其他地方的人一样,早晚在每个街区燃烧散发香气的木头,有时候浇上紫罗兰或含酸液的植物的香水。

谈到巴黎时需要变换一个规模。巴黎在 16 世纪初有 20 万居民,它在 17 世纪末前都是欧洲大陆最大的城市。在 17 世纪末,巴黎人口超过 50 万人。在法国大革命前,巴黎的人口至少增长了 10 万人。不过在此之后,伦敦赶了上来,成为世界第一大城市。

由于巴黎人口激增,一条皇家敕令于 1539 年 11 月 25 日被颁布。巴黎的常住人口于 1560 年激增至 30 万人。[①] 人们家门口堆积的淤泥、粪便(肥料)、灰渣和其他垃圾对交通造成了影响。另外这些沉积物散发的"恶臭会引起任何体面的人强烈的厌恶及不适"。然而,人们全然不顾先前的敕令的强制要求。这条敕令为此情形感到惋惜,因而规定每个沿岸居民都必须清理垃圾、在自家门前铺砌路面并且维护堤道,如有违者,重金罚之;若有重犯,加倍惩罚。敕令还禁止人们在道路或者广场上扔垃圾或倒污水。不可在自己家保存尿液和腑水,要把它们倒在溪流里,并且注意它们是否排放了出去。另外,它还禁止在道路上焚烧稻草、肥料和

---

① Alfred Franklin, *La Vie privée d'autrefois. L'hygiène*, Paris, Plon, 1890, édite entièrement le texte, p. 232–241.

其他垃圾，需要把这些东西倒在城外或郊区；禁止在公共空间宰杀猪和其他动物。任何没有缩进地沟的住宅需要立即建造缩进地沟，否则要向国王充公房产作为惩罚，如果这个房产属于教堂，则6年内禁止租赁。禁止肉店老板、猪肉商、烤肉商、面包商、禽类零售商以及所有居民饲养猪、鹅、鸽子或兔子等动物。饲养这类牲畜的人家，如果想避免充公和体罚，必须把牲畜送到巴黎以外的地方。最后一条规定通常是为了预防传染，让人联想到当时的城市中似乎瘟疫肆虐或瘟疫将至，因此这条规定是应时性的。无论如何，这条敕令与此前和此后的许多城市同类敕令一样，没有产生长期的效果。1374年颁布的一条皇家敕令就向巴黎的房东定下规定"在房间里配备私人厕所"，然而同样是徒有形式。

公证人制作的房东死后的财产清单上没有提及厕所，事情没有因此变得简单。一项研究调查了1502年至1552年间玛黑街区（Le Marais）的27份相关文件。研究显示，其中18户住户有便桶椅和（或）便盆；其中有9户不具备这两者中的任意一个；继1539年的法令后，有5户仍旧没有这类工具。[①] 那些家里没有便桶椅或便盆的人不一定都能去公共厕所解决。根据当时的条件，我们可以猜测到他们比较可能是在室外解决，很可能像农民一样在肥料里解决。至于有基础坐便设备的人家一般就不用麻烦地去河里排泄了。巴黎的住房以纵向建造为特点，一般住得越高的人家越穷，因而大多数

[①] Ouarda Aït Medjane, *Des maisons parisiennes: le Marais de 1502 à 1552. L'apport des inventaires après décès*, mémoire de maîtrise inédit, sous la direction de Robert Muchembled, université de Paris-Nord, 2007, p. 139 – 141.

第二章 遍布的臭味

人是从窗口倾倒排泄物的。在整个旧制度时期，要严肃对待这句"小心水！"（Gare l'eau!）的警告，才能避免在路上意外被浇到屎尿。嗅觉灵敏或挑剔的人有时候会对此抱怨，可这并不表示当时集体的感官有所发展。不过，一些司法档案中有些关于嗅觉的记录。近1570年，南戴·安德烈·布吕诺（Nantais André Bruneau）的几位邻居抱怨晚上七八点时，他们走在市中心时不得不绕开楼上的窗户，生怕被淋到每日扔出来的臭东西。不过，有这样年深日久的习惯的人家里一般有茅房，比如南特市中心的另一个居民皮埃尔·戈尔捷（Pierre Gaultier）。他不仅依然持续向窗外扔"许多恶臭、肮脏的罐子和瓦钵"，还让他的孩子们到街上去方便。① 这些物质散发出来的臭味一点也不宜人，如果我们参考诗人吉勒·戈罗泽（Gilles Gorrozet）于1539年所作的"秘室或曰茅房讽刺诗"：

"我们不敢揭开隐秘之处，

也不敢掀开坐便椅盖，

生怕（我不撒谎）泄漏强烈的香味。"②

巴黎到处都臭气熏天。1580年夏初发生了一场恐怖瘟疫，随后人们查阅的一份医学院报告清晰地识别出瘟疫的主要原因——缺少下水道。这份报告提议扩大（下水道）网络系统，铺砌倾斜的路面，使其流入城市四分之一的空间，如已建成的巴尔贝特门（la porte Barbette）那样。这份医学报告还提议在巴黎深凿运河，这样

---

① Alain Croix, *L'Âge d'or de la Bretagne*, 1532—1675, Rennes, Ouest France, 1993, p. 306.
② Cité par A. Biniek, *op. cit.*, p. 45—46.

激烈的水流就可以把排泄物冲到远方。除此以外，还要把垃圾场迁到远处，"因为它们会散发难闻的蒸汽，而且风会把它们带回城市；这些气体夜间变厚成为一种危险的雾气，往往引发诸多疾病"[1]。蒙田也曾抱怨巴黎的烂泥。随后的一个世纪里，许多作家或旅行者也像他这样对此抱怨。历史学家亨利·索瓦勒（Henri Sauval, 1623—1676 年）如此描述巴黎的烂泥："肮脏、发臭、气味刺激、方圆三四里之外就能闻到了，外国人难以忍受它的味道。"巴黎的烂泥会腐蚀所及之处所有的东西，所以就有了这样的谚语：他（她或它）像巴黎的烂泥一样顽固。思想自由的诗人克洛德·勒·珀蒂（Claude le Petit）、朱尔·马扎林（Jules Mazarin）把污泥与魔鬼联系在一起，用这番话中伤皇室和"枢机主教"。他在 1662 年被当众烧死。

"腐烂的粪便是魔鬼炼的灵药，
下地狱的巴黎烂泥，
面目可憎，
如地狱般肮脏，
如魔鬼般龌龊，
魔鬼使你们窒息。"[2]

这样的想法在他的时代变得十分普遍，我们在下文中还会看到。

---

[1] A. Franklin, *op. cit.*, p. 71–72.
[2] *Ibid.*, p. 132–133.

有利可图的气味

漫步于18世纪的巴黎,人不免身受其扰。为了满足飞速增长的人口贪婪的需求,巴黎永远在建造之中,受污染的都市环境如同但丁作品中的世界一般。与小城市及乡村的情况不同的是,私人厕所在巴黎开始普及。尽管如此,旧习惯仍在延续。1777年颁布的一条治安局法令表示有重申"最常见的违章行为"的必要。其中一条法令禁止在任何情况下任何人都不得"从窗口往街道上倾倒粪便或任何其他垃圾,不论早晚。"① 这个习惯在凡尔赛也很普遍,宫里很晚才出现了"第一个英式洗手间"供路易十五使用。路易·塞巴斯蒂安·梅西耶(Louis-Sébastien Mercier)揭露这些厕所散发的是"腐败的疫气"和"臭霉味"。这足以解释人们保持这些陋习的原因吗?他儿时把"这些危险的椅子"当作通往地狱的道路,奉劝读者们为了保持空气清新而不要使用这些厕所。② 当时,许多人都有这类设备,但是他们体验过这种糟糕气味就不再使用它了,因为这不是能让生活真正变得便利的设备。大人物在这方面也不会一直走运。路易十四的表姐普法尔茨公主(Princesse Palatine)于1694年10月9日写给她教母的一封信可以为证。信中谈到她住在枫丹白露时房子里没有这样的设施。她直截了当地表达"要去室外方便,我难过又生气,因为我喜欢自在地如厕。我并不能在屁股下面没有支撑时自在地方便。另外,所有人都看到了我们方便,

---

① 1777年7月26日的公安条令,国家档案馆Y 12 830。
② Roger-Louis Guerrand, *Les Lieux. Histoire des commodités*, Paris, La Découverte, 1997, p. 57 – 59; A. Franklin, *op. cit.*, appendice, p. 34 – 35.

男女老少以及修道院院长和瑞士人来来往往"①。

  钱的气味固然不如粪便的气味重,粪便的经济价值却在现代不断提升。比如,尿对一些行业是必不可少的,在医学上也十分常用,排泄物可以让人致富。让·德·勒努医生在1624年指出,他的同事们用老鼠的粪便来治疗肾结石;用狗的粪便来治疗咽峡炎;用孔雀的粪便来治疗衰老的疼痛;人的粪便是"绝佳的催脓药"。②尼古拉·德·布莱尼(Nicolas de Blégny)于1689年在16页的美容药方或曰秘方中提到动物或人的粪便。③他的27种处方都提倡使用尿液。尿液尤其被运用在许多除皱或用于女性面部肌肤美白的蒸馏化妆品中。玛丽·默尔德拉克(Marie Meurdrac)在1666年推出了一款去脱皮性皮疹、改善脸色的药方,其中含有"只喝葡萄酒的年轻人的尿液"。④塞维涅夫人(Madame de Sévigné)使用含尿的药方来治疗风湿病和头晕。她在1684年12月15日向女儿建议在疼痛的部位涂抹10到12滴热药剂。她在1685年6月13日告诉女儿,她灌了8滴药剂来缓解头晕。她本可以用功效相同的百花香精,尽管它的名字有点欺人的诗意。这个配方含有春天开放的花朵,还需同季采集的新鲜牛粪(作者补充说需要4古斤),然后拿去蒸馏。在品种繁多的药方中有一种简化的药方,它使用牛粪和带壳

---

① Gustave Brunet, *Correspondance complète de Madame, duchesse d'Orléans, née Princesse Palatine, mère du régent …*, Paris, Charpentier, 1857, t. 2, p. 385–386.
② J. de Renou, *Le Grand dispensaire médicinal, op. cit.*, p. 572.
③ Nicolas de Blégny, *Secrets concernant la beauté et la santé, pour la guérison de toutes les maladies et l'embellissement du corps humain*, Paris, Laurent d'Houry et veuve Denis Nion, t. 2, 1689.
④ Marie Meurdrac, *La Chymie charitable et facile en faveur des dames*, 3ᵉ édition, Paris, Laurent d'Houry, 1687, p. 309 (1ʳᵉ éd., 1666).

的蜗牛,将其碾碎在白葡萄酒中然后蒸馏。人们也可在春秋季每天早上喝两三杯牛尿,连续喝十几天。① 安详的牛浑身都是宝,它为人类提供奶水、肉及功效万能的排泄物!波利卡普·蓬斯莱(Polycarpe Poncelet)是一位热爱农学的改革派教士,他在1755年提出了一个简单的秘方来制作一款自称物美价廉的烧酒:只消把味道浓重的牛粪与烧酒一起蒸馏。如今人们是否还会喜爱这种产品的气味和口味就说不准了。这位博学的作者的确很想证明这种烧酒有益健康、口味和谐,没有一丝玩笑。可惜他忘了说明这种可爱的牛烧酒属于哪种音调了。因为他还提出了一种口味和音乐之间的对应理论:7个全音调组成的"美味的音乐"对应7种"原始的味道":酸、辣、淡、甜、苦、酸甜、涩。②

排泄物如其他所有有价值的原材料那样,进入了突进的资本商业轨道之中。人们大量买卖交易排泄物,机敏之人总可以从最小的缝隙中获取利益。1667年颁布的一条皇家法令由此报道了拉维莱特(La Villette)街区许多农场主做的坏事。他们挪用人的粪便来喂猪、狗。③ 我们可以毫不夸张地说,这些粪便对于人口稠密的大都市郊区的农民来说简直价如黄金,它们提供了耕作蔬菜,包括葡萄在内的水果必不可少的肥料。没有这类支持,供给巴黎居民食用的集约农业,尤其是盈利的农业会走向衰败。不过,一些严苛的条例禁止人

---

① L. Kauffeisen, «Au temps de la Marquise de Sévigné. L'eau d'émeraude, l'essence d'urine et l'eau de millefleurs», *Bulletin de la Société d'histoire de la pharmacie*, vol. 16, 1928, p. 162 – 165.
② Polycarpe Poncelet, *Chimie du goût et de l'odorat*, Paris, Le Mercier, 1755, p. 295 (p. XIX - XXI, à propos de la théorie musicale).
③ Pierre-Denis Boudriot, «Essai sur l'ordure en milieu urbain à l'époque préindustrielle. Boues, immondices et gadoue à Paris au XVIIIe siècle», *Histoire, économies et sociétés*, t. 5, 1985, p. 524.

们使用未在垃圾场存放满 3 年的粪便，为的是让这样粪便变成适用于土壤施肥的"粉末"。还有一些专家埋怨这种做法只会让农作物长出"劣质谷粒和有害健康的蔬菜"。它们的风味对食用者及使用有机肥料的生产者是否会产生"普鲁斯特的马德莱娜"的效果，这不得而知。为了满足巴黎人和农村人的需要，才有了萦绕巴黎、经久不散的气味。

农村人夜里去垃圾场盗取有待晒干的排泄物，这一现象并不罕见。尽管农学家提醒过人们：用新鲜的排泄物会使水果和蔬菜气味很难闻。但农村人不顾所有压力，执拗地拒绝使用堆积在独立仓库里各式各样的发臭污泥，其数量比排泄物的污泥多 10 倍。储存的排泄物污泥在 1775 年估计达到了 27 000 立方米，在 1779 年前被存放在 3 个常设的垃圾场里。从 1760 年开始，圣日尔曼街区（Saint-Germain）、圣玛索街区（Saint-Marceau）的垃圾场向外迁移了 4 千米左右，以防"发臭的空气"感染附近的食品，尤其是从戈内斯（Gonesse）运来的新鲜面包。另外，还要抹去游客或外国人对巴黎气味难闻的印象。最后一个垃圾场——蒙福孔——位于肖蒙山丘公园附近，是 1781 年起唯一仍在运行的垃圾场。维永（Villon）对那有凄惨的回忆，他曾看到那里有许多绞死的人的摇摇晃晃的尸体，蒙福孔垃圾场里有 10 公顷的满满发酵的排泄物水池和堆满了动物腐尸的屠宰场，活脱脱一幅但丁描述的地狱景象。

对嗅觉敏感的人来说，巴黎城中心完全不是一个天堂。巴黎圣母院所坐落的西岱岛街区的污泥要用船来排空。它的臭味引起河边居民的不满和抱怨，他们因此不能打开自己家的窗户，而且这些挥发物使银器、镀金饰物及玻璃变脏、褪色。巴黎的人行道很少，而路面上到处是肮脏、恶心、腐蚀性的污泥，简直是行人的噩梦。

到了启蒙运动的时代,街道上的污泥在警察的监管下被清除,但这一进步并不足以使情况得到明显的改善。拾荒者在垃圾车到来前"撬"走包括猫、狗遗体等在内的所有有价值的东西,然后再转手卖出。为了满足人口增长的需求,垃圾的容量在 1748 年翻了一倍,达到了 1.5 立方米。在 1780 年每天有 500 个垃圾车在运行。在这个时代,巴黎的 70 个阴沟因维护不善而常常堵塞。下暴雨时,污泥被打湿使这些阴沟淹没了四周。扩张的城市包围了城郊的垃圾场,它们建于路易十三时期,这些垃圾场散发的难以忍受的气味被西风或西南风吹向邻近的街区。因此,沃吉哈赫(Vaugirard)街区的味道会传到夏乐(Chaillot)和帕西(Passy)街区。情况变得令人十分堪忧,以至于 1758 年颁布的皇家敕令要求在远离市区和近郊的地方建造新的公共垃圾场。警察局副长官贝尔丹(Bertin)当时认为,考虑到中间的路途,每年清洁街道的预算应该上升到 56 000 古斤银。[1] 巴黎的污泥可能还使蓬帕杜夫人(Madame de Pompadour)最信任的人富裕起来了。

一些闻所未闻的小行业提供当时还不为人熟知的服务。为了避免在室外方便的人被罚款和体罚,警察局副长官撒丁尼(Sartine)在 1771 年左右在街角设立了一些"厕所桶"。十几年后,一个机智的巴黎人设计了一个折叠房间(携带式厕所),向每位客人收取 4 苏。更多人参与了这场竞争。杜乐丽花园(Tuileries)的露天加座气味恶劣,让人难以接近。路易十六时期的皇家建筑部主任为此让人砍掉

---

[1] Pierre-Denis Boudriot, «Essai sur l'ordure en milieu urbain à l'époque préindustrielle. Boues, immondices et gadoue à Paris au XVIIIe siècle», *Histoire, économies et sociétés*, t. 5, 1985, p. 515–528; A. Franklin, *op. cit.*, p. 156–157 et appendice, p. 34–39.

了遮阳的紫杉，换成了收费的公共厕所，门票为2苏。熟客们觉得它的收费过高，于是前往（附近的）皇家宫殿（Palais-Royal）上厕所。这个地方已经充满尿味，它不属于警察管辖范围，只听令于奥尔良公爵。他让人在此建造了12间厕所，它的门票收入在1798年达到了12 000古斤银。这个奇特的炼金术把肮脏的物质变成了黄金。努卡黑（Pierre-Jean-Baptiste Nougaret）和马尚（Jean-Henri Marchand）在1777年发表一部名为《敏感的公厕管理员》（Le Vidangeur sensible）的戏剧，清晰地建立了一种联系，这也许会引发弗洛伊德学派的精神分析师的兴趣。这部戏剧讲述了一位不尽责的儿子和一位痛苦万分的父亲之间的矛盾。父亲威廉·桑弗（William Sentfort）因不愿看到他的继承人行为放纵、没有节制，让自己的家庭蒙受屈辱，最后毒死了他。戏剧开头处，这位年轻人的一个朋友为了让他喜欢上这项极脏的劳动，便说道："你现在挖的所有肮脏的矿有一天会变成你的金矿。""这些脏的东西的确会变成一大笔钱。让佣人去做吧，我要去消遣了。"这个没有担当的孩子反驳道。

职业污染

贝纳迪诺·拉马奇尼（Bernardino Ramazzini）医生出生于1633年。他是意大利摩德纳大学及帕多瓦大学的教授。他的《论手工业者的疾病》（De Morbis Artificum Diatriba）拉丁语著作于1700年出版。[1] 作者在1713年增补发行后，这本书取得了巨大的成功，被翻

---

[1] Bernardino Ramazzini, *Essai sur les maladies des artisans*, traduit du latin [1700], avec des notes et des additions, par Antoine-François de Fourcroy, Paris, Moutard, 1777, p. 84, 113, 122, 133, 144–150, 161, 167, 171, 175, 182, 202, 270, 308–309, 448.

译成多种语言,他在职业病医学研究方面的开创性工作迄今引发了诸多论战。

拉马奇尼解释说,他是通过观察在他家工作的公厕管理员才有了这本著作的最初想法,由直接的观察和理论调查而得出的。他认为所有的职业都会导致一些特定的疾病。他考察了 50 种工作,检查它们所附带的危害。一些疾病是由炎热、寒冷、潮湿这些物理因素导致的,例如制作玻璃的工人、面包工人和制砖工人。还有一些是由于持续、剧烈、不规律的劳作或是重复的姿势对身体造成损伤。除此以外,作坊的污染会严重损害劳动者的健康。画家用的颜色和材料:铅丹、朱矿、铅白、清漆、核桃油或亚麻油等,会让"他们的作坊有种难闻的厕所味道",导致他们失去嗅觉。画家们是否用超乎常人的敏锐视觉来自我安慰呢?人如果暴露在生产葡萄酒和酒精时散发的气体中,会酒醉。药剂师在准备的过程中会受到药剂的副作用。拉马奇尼提醒他们在制造阿片酊时,可以喝些醋来保护自己的健康。在瘟疫来临时,药剂师们大量使用醋,因为人们认为它具有抗瘟疫导致的空气污染的功效。宜人的气味同样也有负面作用,尤其是春天准备玫瑰汤剂的时候让人头痛。

另外,许多气体会使邻近的人受到强烈的感染。热炉散发的"蒸汽"十分危险,拉马奇尼非常惊讶它们怎么会出现在城市里。工人在这样的环境下有失明的危险,他对他们的不幸很同情。不过他认为,至少难闻的气味帮他们抵御瘟疫,就像皮革整理工人的情况一样。一些医生和他一样认为用一种更恶心的气味可以驱除被感染的空气。比如为了预防传染病,每天早上呼吸粪坑上方的空气。当然这是学者的见解而非大众的观点,只是很多穷人也照做了,毕竟这样也不用花一分钱。翻译这本书的法国年轻人在 1777 年针对巴黎的职业,添加了一条极度危害的注释:打开粪坑时,人们有窒息甚至暴毙的危险,尤其是当人把它彻底铲清、清除液体残留物下面厚厚的硬壳的时候。① 因为这种有害气体、恶臭的毒气或者说"臭鼬"被称为"铅弹",它会从腐烂的排泄物中泄漏出来。它有时候是易燃的,1749 年 7 月人们在里昂观察到了这一点。许多必要的预防措施都要求人们用醋擦手、擦脸。要让一个工人从昏厥中恢复神智,关键要用醋给他擦身、让他闻醋和烟草的味道,并且让他吃底野迦解毒剂……在启蒙运动的时代,这位药剂师的儿子仍保留了一些迷信的医学。当时他 22 岁,日后成为一位知名的医生和化学家。在之后的一个世纪里,治疗中仍然关心"重铅"会导致公厕管理员暴毙这一问题。②

人的尿液具有一些双重特点。人们经常把它们用作药物,塞维涅夫人(Madame de Sévigné)的故事中对此有所提及。有人建议喝尿来抗水肿。拉马奇尼指出修女们为了恢复月经而大口喝尿。莫里哀讽刺他的同僚们依据体液理论来观察病人的尿液,以测定他们的健康状况。不过还有从古代流传下来的更恶劣的做法。古罗马人用尿液把羊毛染红,需浸染羊毛两次。因此(古罗马)诗人马提亚尔(Martial)说,皇家红袍都散发恶臭。这与一句著名的古罗马谚语异曲同工:塔尔皮亚岩石(rupes Tarpeia)离卡比托利欧山

---

① Bernardino Ramazzini, *Essai sur les maladies des artisans*, traduit du latin [1700], avec des notes et des additions, par Antoine-François de Fourcroy, Paris, Moutard, 1777, note 1, p. 144 – 146.

② Paul Brouardel, *La Mort et la mort subite*, Paris, J.-B. Baillière et fils, 1895, cite deux exemples, p. 182 – 183.

（Capitole）很近——得到权力后就离最终被废黜不远了。① 不论如何，直到 1700 年，缩绒工、羊毛洗染工以及染布工仍在使用这种技术。拉马奇尼在参观他们的作坊时注意到，"工人们都往几个酒桶里撒尿，使尿液在里面腐烂，以使用这种状态的物质"。用它来漂白呢绒，之后呢绒就更容易上色。他说，从这些地方出去后，那些腐臭给他留下了深刻的印象。

拉马奇尼参观油厂、皮革整理作坊、穿绳作坊、肉铺、鱼铺、猪肉铺、奶酪作坊和蜡烛生产作坊时，似乎并没有如此痛苦。他承认，"我在那里感到反胃"、头痛、想吐。他同意那条把鞣革工和皮革整理工人安置到城墙附近或之外的条令，以防"它们散发的气味感染居民呼吸的空气"。拉马奇尼还禁止蜡烛制造者在城市内部作业，因为据他描述，他们神秘的作坊如"地狱般的深渊或发臭的湖"。因为他们的大锅里煮着山羊和牛，特别是猪油，气味十分刺激。"散发出来的发臭气体影响了周围的居民"。由于漂白纱布或领子的需求不断增长，并且 18 世纪起人们开始越来越多地在假发上扑粉。淀粉制造商越来越活跃。这种粉由泡在水里直至发芽的谷物压榨而成，气味极其难闻，他参观工厂时无法忍受。

墓地和坟墓不仅会导致掘墓者患病。一位法国翻译家在译作中也抱怨了还未搬迁的墓地带来的诸多危害。1776 年的外迁墓地条令颁布不久前，他刚好把他的译作交给了出版社。他在译作中还对

---

① 卡比托利欧山（Capitole）是古罗马的七座山丘中最高的山丘，古罗马共和国建城之初重要的政治与经济中心。在这座山的西南处有古罗马时期处决死刑犯的塔尔皮亚岩石（rupes Tarpeia）。曼利乌斯（Marcus Manlius Capitolinus）率军从侵略古罗马的高卢人手中拯救了卡比托利欧山，却被古罗马贵族控诉窥视王位，最终难逃被推下塔尔皮亚岩处决的命运。——译者注

可能产生的危害表示担忧。他论证说,死者在生者的环境中是一切的危险源。医生们认为这是流行病的起因。让他庆幸的是,欧洲人近20年来有了新的感官能力,得以揭露了"有毒的气体"。

拉马奇尼对农村人没有给予好评。不过,虽然他略带一些学者的优越感以及城里人的轻蔑态度,但他对农村平民的评价还是适度的。他只批评了他们"不好的习俗:把肥料堆积在牲畜棚前,甚至堆在他们房屋前面。人们叫它们猪圈的屋顶也是对的。整个夏天他们都把肥料当作美食一样保存"。拉马奇尼总结道,这些腐败的臭味污染了他们呼吸的空气。

臭味呛鼻的乡村

19世纪的卫生学家到访村庄时被那里的肮脏和臭味所震惊,于是描绘了一幅十分不堪的乡野世界景象。他们强调除臭的必要性,不过是因为他们把自己的分寸和标准投射在了农村人身上。如今,任何嗅觉开化了的人,包括历史学家在内,如果留意就会发现乡村的"臭味浓重":"牲畜的汗味、禽类的粪便味、老鼠尸体腐烂的腐臭、堆积在一间房里的肉腥气和藏在阴暗、隐蔽角落里的垃圾霉味、在门口肥料堆燃烧的焦味……"① 农民感觉到的则完全不同。对他们来说,肥料堆积起来的高度证明物主的兴旺,这点我们在前文中已经谈到。除此以外,这样做也有其便捷之处,因为住在房子里的人会来这里方便。杜埃(Douai)附近弗莱(Flers)的村

---

① 引用适用于18世纪,N. Poiret 引用自:《逃到乡村》(*S'enfuir à la campagne*),有关农村的陈词滥调(单独的卫生巾很稀有,人的排泄物往往被扔到肥料堆里)与高质量的城市研究形成反差。

民在1651年12月17日的傍晚就在"家门前的小丘上"方便时意外地中了一枪。① 人或动物的屎尿臭得让人头晕，但有利可图的人完全不觉得它恶心。而且它对整个群体具有重要的社会和文化功能。② 我敢打赌，这群人认为城里过来调查的人的气味才是难闻的。

从17世纪起，乡村里难以忍受的臭味促进了"风俗开化"。当时城市和宫廷中都开始时兴一种文雅的礼仪，摒弃人的动物性，而且人有了一种前所未有的羞耻感。过去，所有人都可以当众毫不尴尬地进行天然的身体运作。国王也在坐便椅上接见别人。亨利三世因此而丧命，他被修道士雅克·克莱芒（Jacques Clément）杀害时正是这副姿势。人们在任何场所解决生理自然的需要。据安托万·菲勒蒂埃（Antoine Furetière）叙述，有一天，在路易十三时期的皇宫里，皇后的荣誉骑士别过身对着一幅挂毯小便。拉法耶特小姐（Mademoiselle de Lafayette）有一次当着君主的面尿在了裙子上，路易十三对此只是一笑而过。当时人们经常在房间的角落、楼梯，尤其在壁炉里小便。③ 之后，这些行为越来越被典型的上层阶级人士所摒弃，但大众仍保留了它，这使他们越发受到精英的鄙视。

在路易十三的军队征服前的西班牙属荷兰阿图瓦省（Artois），许多文献都记载了农民的习俗。小酒馆的客人"洒水"时会去室外：公园、马厩、建筑的墙上、附近的教堂里，或在墓地的矮墙

---

① Archives départementales du Nord（ci-après ADN），B 1820，208 v°，17 décembre 1651，Flers.
② 详见第一章中提到的吕西安娜·阿·鲁班：《气味世界——气味场的活力与功用》（Le Monde des odeurs. Dynamique et fonctions du champ odorant）中关于上韦尔东（Haut-Verdon）的调查。
③ A. Franklin，op. cit.，appendice，p. 18–19.

上。他们省事地往窗外撒尿，无所顾忌。例如，1602 年有位年轻男子觉得用尿淋他的同胞们很有趣。文献中提到，人们有时会在室内桌角位置修建一个地沟，作为此用。还有一个旧习是往壁炉里撒尿，即使壁炉正在使用。约 1550 年至 1551 年间的一天晚上，在离圣奥梅尔（Saint-Omer）不远的埃佩莱克（Éperlecques），饭馆老板的妻子坐在壁炉旁边，两位单身年轻男子有些醉意地过去小便。其中一位朝向壁炉，也许半开玩笑地溅脏了老板妻子。他的同伴指责他的所作所为不是"一个品行端正的男人"。这导致了一场致命的争吵，他们拿起匕首互相对抗，不老实的那个人输了。这个故事的其中一位主人公的指责可以说明，农民们并非不知道新的礼仪规范。他指出对女主人这样做是错的，这使得法官对他所犯下的过失杀人予以宽容处置。而他自己其实也没少当着别的女士的面毫不羞耻地在壁炉里小便。这样的行为很常见。1638 年 6 月 25 日，一个男人和两个女人在路上看到一个人在树下小便时笑了起来，并戏谑地说："这个可怜虫！"①

身体的排泄物也会被人们用来彼此挑衅，尤其是在年轻男子之间。他们在小酒馆里让别人喝掺了他们尿液的啤酒，声称只是恶作剧。但往往会引发拳脚冲突和难堪的下场。比起恶心的感觉，污物引起的更多的是被排泄脏物的人支配的耻辱感。污物还让人恐慌，在那个时代，许多女巫被烧死，因为所有从身体里

---

① 法国北部省省立档案馆（见后附信息），档案编号 ADN, B 1794, f° 245 v°–246 v°，1602 年 4 月 8 日，法国加来海峡省拉戈尔格（La Gorgue）小酒馆；编号 B 1771, f° 13 v°–14 r°，近 1550—1551 年，埃佩莱克（Éperlecques）；编号 B 1818, f° 31 r°–v°，1638 年 6 月 25 日，地点不详。

第二章 遍布的臭味

取出来的东西都可能被用在以保护或整蛊为目的的巫术中。攻击中若使用了排泄物则更显严重。近 1594 年在蒙蒂尼昂奥斯特雷旺（Montigny-en-Ostrevent），几位适婚年龄的男孩强烈地指责一个同龄人不尊重他们，因为这个人在他们经过小酒馆的院子时脱下裤子在他们面前解手。此外，1612 年 9 月 1 日，在戈讷姆（Gonnehem）的一场婚宴上，宾客们看到一个"懒人"当众在距婚宴桌不到 5 步、约 1.5 米的地方方便，尽管文中没有说明，但大家都觉得此举不仅有碍观瞻，还污染了气味和宴会菜肴的味道，"让许多人感到厌恶"。1644 年 5 月 6 日在阿讷兰（Annœullin）发生了一场争执，两位"适婚年龄的儿子"中的一位脱下裤子对着另一位说"给你，这是我的屁股。我让你从我的大腿下面过去"。[①] 他贬低对方是自己的排泄物，以在他面前树立威望。这在女性之间是否也是一个很常见的、有挑衅意味的动作呢？1529 年，一位农妇在与一个男人争吵时恼火地说她不怕他，"如果我的屁股没有被粪便弄脏的话，我会大胆地给你看"[②]。巴黎塞纳河边的洗衣妇嘲笑船上的过客时，经常毫无遮掩地向他们露出屁股。许多巴黎人也从自己家的窗口这么做。

乡村的过客觉得它很臭，但是在旧制度时代，乡村并没有比城市更臭、污染更重。这只是因为村庄里通常住着上百口人，不像城

[①] 法国北部省立档案馆，档案编号 B 1800, f° 71 v°—72 r°, 近 1594 年，蒙蒂尼昂奥斯特雷旺（Montigny-en-Ostrevent）；档案编号 B 1799, f° 71 v°—72 r°, 1612 年 9 月 1 日，戈讷姆（Gonnehem）；档案编号 B 1820, f° 94v°—95 r°, 1644 年 5 月 6 日，阿纳兰（Annœullin）。

[②] 法国北部省立档案馆，B 1741, f° 184 v°—185 v°, 1529 年，地点不详，靠近阿图瓦和法国之间的边界。

里及郊区那样往往聚集了臭烘烘的手工业作坊。起防御作用的城墙却加剧了传染病,在被城墙包围的城市中居住环境恶臭,城里人没有等到启蒙运动的时代就去乡村呼吸新鲜空气了。十六、十七世纪,越来越多有财力的人在夏天逃离巴黎令人窒息的空气,去往乡村的别墅。在卢梭的时代,这一爱好变成了一股狂热。显然,这是因为卢梭描述的自然动人、正直、天然,人们在自然中可以呼吸到幸福。不过,逃离不断扩张、可怕的都市里令人窒息的腐败气氛,也是出于生存的需要。这同样也为了远离噪声、杂乱的街道、人数激增的穷人和妓女、喧闹、危险、有威胁性的人群,这些人的社会地位明显有所提升。18世纪时,一大批有钱、有特权的人对巴黎的乡村趋之若鹜,他们在那里建造乡村别墅或贵族庄园,这种资产阶级的"狂热"满足了他们的情欲和食欲。最富有的人受凡尔赛的启发,依照当时的品位建造或改造奢侈的家庭宫殿。四周环绕着巨大的公园,并且用围墙和栅栏把它封闭起来,与农民分隔开。这个现象是飞速发展的乡村城市化的开端,反映许多显贵的巴黎人在某种程度上在追本溯源。因为他们的幼年时光常常是在农村的奶妈那里度过的,这也就可以解释为何他们对乡村怀有某种感官上的好感。

结果村庄经历了彻头彻尾的改造。比如布洛涅(Boulogne)在1717年时的居民人数约800人。它的土壤不太利于耕作谷物,主要用来种植葡萄。服务于特权阶层的洗衣业在那里特别兴盛,因为它距离马德里(Madrid)城堡和巴盖塔尔(Bagatelle)城堡不远。布洛涅的人口在近1789年时达到2 000人。巴黎的贵族和资产者在那里坐拥休闲、宽敞的花园庄园。离开巴黎步行半天可抵达的蒙莫朗西(Montmorency)山谷,度假别墅也很常见。那个地区的水果丰盛,以樱桃著名,吸引了大量城里人来此安顿自己的婴儿哺乳。①

在启蒙运动和重农主义的时代,人们表达了对乡村生活的强烈渴望。卢福瓦侯爵(Marquis de Louvois)的外孙拉罗什富科公爵(le duc de La Rochefoucauld)近1741年时在诺曼底森林边拥有一个拉罗什·居永(château de la Roche-Guyon)乡间别墅。别墅里有一片宽广的法式园林,其中最珍贵的是一片种了100多棵果树的实验菜园。路易十四世一马当先,在凡尔赛开创了皇家菜园,带动了一股重视田园生活乐趣的风潮。彼时,耕作自己的花园不仅仅是伏尔泰时兴的一种哲学隐喻,更是让久居城市和皇宫深受气味干扰的人更新嗅觉的唯一办法。蓬帕杜夫人是彻头彻尾的巴黎人,但她在变成国王的情人以前,每年夏天都会为了逃离危害健康的巴黎,去赛南(Sénart)森林附近的埃蒂儿乐(Étioles)乡村别墅品尝美味。和许多人一样,她在那里买了一个乡村别墅,之后又租了好几个,这样她就可以尽情在自己的庄园中照料农产了。她还亲自制作乳制品,除了香水还很喜欢植物,不论是异域植物、温室植物还是蔬菜花草。在参观默东(Meudon)的时候,为了博得君主的赞美,她还用陶瓷制作了十分美丽的仿造品,并撒上了人工香料。众所周知玛丽·安托瓦内特(Marie-Antoinette)喜爱田园风格。路易十六世在凡尔赛花园为她布置了一片可供农耕的田野:皇后的小村庄。即使装饰华丽的羔羊散发着古希腊最被唾弃的羊肩肉的腥味,但与欧洲第二大可怕的恶臭城市(巴黎)相比,它整体上当然是一个乡村气味的天堂。

---

① 详见 Robert Muchembled, Hervé Bennezon, Marie-José Michel, *Histoire du grand Paris, de la Renaissance à la Révolution*, Paris, Perrin, 2009.

第三章

令人快乐的物质

一位著名的精神分析学家在20世纪中叶这样写道:"人自幼年起开始学习将身体功能的某些方面视为不好的、羞耻或危险的。每一种文化都无一例外地利用了这些魔鬼的暗面来发展其信仰、自豪感、确信或主动性。"[①] 16世纪的法国文明似乎不符合这种确定的说法。接下来我们将看到,(当时法国)社会各阶层的成年人对肛门或性没有表现出一丝的压抑迹象。不仅如此,不论在农民还是学者中,一种强健的排泄与色情文化占据了主导位置。这是因为人们常常用襁褓包裹初生的婴儿吗?婴儿们被布袋包裹得形同木乃伊,只能露出头来,腌泡在自己的屎尿中,直到有人帮他们更换襁褓。医生、父母或奶妈很少把孩子的排泄物视为魔鬼般可怕的东西,因为清洁在那个时代并无重要价值,人们反而认为水很危险。[②] 只有诸如伊拉斯谟的几位道德家试图开始抑制人的动物性。直到17世

[①] Erik Erikson, *Enfance et société*, Neuchâtel, Delachaux et Niestlé, 1959 (1re éd. américaine, 1950), p. 271.

[②] Georges Vigarello, *Le Propre et le Sale. L'hygiène du corps depuis le Moyen Âge*, Paris, Seuil, 1985.

纪初，我们才看到抑制潮流的兴起，表现为对身体下半部的妖魔化。这将在另一个章节中讨论。

博大精深的排泄文化

一些神经生物学者认为，难闻的气味主要指那些"带有粪便、尿液或腐烂物质的强烈气味"。在大多数文化中，人们都负面地看待分泌物和排泄物。其中，零容忍的态度必定与缺乏排污系统、使用有机残留物施肥，以及排泄礼仪有关。[1]

然而，这三种条件不仅存在于人种学家研究的异域社会中。我们说到在16世纪的欧洲社会也符合这三种条件：城市中充满排泄物的味道；人体排泄物比其他任何肥料都更受欢迎；很多健康、美容秘方中都使用了粪便或尿液。

老勃鲁盖尔（荷兰语：Pieter Bruegel de Oude）在1557年创作的一幅版画见证了这类秘方的重要性，它起源于一种基于身体垃圾的文化仪式。这幅作品表现傲慢的罪孽。画面右边有一个外科医生剃须匠的店铺，还提供身体护理服务。店铺挡雨檐上方的墙边，有一个人正对着一个圆盘小便，只画了他裸露的屁股。他溢出的尿液沿着挡雨檐和墙间的接缝，从剃须匠头顶的上方垂直流下。剃须匠正在给一位坐着的客人做脸部护理。他身边的助手将一壶液体透过狭窄的窗户浇到一位女子的长发上，一个狼头怪物摆弄她的头发，下面（接着）一个大水盆。一面矮墙上张贴着剃须匠的营业执照，

---

[1] Robert Soussignan, Fayez Kontar, Richard-E. Tremblay, « Variabilité et universaux au sein de l'espace perçu des odeurs: approches interculturelles de l'hédonisme affectif », dans Robert Dulau, Jean-Robert Pitte (dir.), *Géographie des odeurs*, Paris, L'Harmattan, 1998, p. 43.

还特许他销售药品，（店铺的）墙上方摆放的研杵、粉浆向不识字的人表达了相同的信息。研杵和粉浆都在溢出尿液的盘子旁边。画家的含义很明显：美容产品是尿，就是字面上的意思。他作为一个醒世者揭露这些做法，并不是因为它闻起来很臭，而是因为这构成了一种虚荣的罪孽：一只孔雀和一个妖艳女子在店铺左边，象征着那个时代的医药和社会惯例所炮制的产物。①

除此以外，人体的分泌物和排泄物还成为绝佳的笑料，至少在中世纪闹剧和拉伯雷式的排泄文学受到排斥前一直如此，此后附庸风雅、辞藻堆砌的语言以及矫揉造作、一本正经的语调占据主导直至变得荒谬可笑。这一转折是从17世纪20年代开始的。人们不仅越来越拒绝"通俗"，一些底层风俗也引起了新兴上层人士的反感。巴赫金（Mikhaïl Bakhtine）曾错误断言拉伯雷（François Rabelais）文化中，把排泄物视为"令人快活的物质"的价值观源自通俗文化，更确切地说，源自中世纪的狂欢节。在节日里，人们允许价值和等级秩序被象征性地颠倒，笑和滑稽因此可以当作矫治主流"严肃"的良药。② 作者在1940年前撰写并发表了这一精妙的理论。他的理论把权力视为一种镇压，把人民视为一种抵抗，这在他的写作背景中不难理解。但是，拉伯雷是默冬（Meudon）的教士和人文主义医生，他的读者是极小部分受过教育的人。③ 他的写作方法与那个

---

① H. Arthur Klein, *Graphic Worlds of Peter Bruegel the Elder*, New York, Dover Publications, 1963, p. 103 - 105.

② Mikhaïl Bakhtine, *L'Œuvre de François Rabelais et la culture populaire au Moyen Âge et sous la Renaissance*, Paris, Gallimard, 1970, p. 178, 191, 354.

③ Inconnu, le chiffre est sûrement sensiblement inférieur aux huit à dix mille lecteurs potentiels français vers 1660 dont parle Alain Viala, *Naissance de l'écrivain. Sociologie de la littérature à l'âge classique*, Paris, Éditions de Minuit, 1985, p. 132 - 133.

时代的大学者们并无二致，直到 1616 年——贝豪德·德·维维勒（著作《到达的方法》出版前一年）都是主流，此后才被带有强烈的道德伦理色彩、拒绝人的任何动物性的人类生存新观念所取代。

从这时起，拉伯雷式的粗鲁让体面人越来越感到尴尬，编辑们再版一些轻佻放荡的作品时也感到前所未有的羞耻，他们对其中露骨、粗俗词语所作的审查即是证明。到了 19 世纪，人们为了粉饰下流话，就只印刷词语的首字母后接省略号，这种做法并不少见。思想家和作家认为淫荡粗俗的章节来自平民阶层，拒绝承认自己的同类以前也可能写过这样淫秽的话语，这同样也出于与时代背景不符的投射心态。事实上，这些淫词秽语的来源通常极有学问。比如勃鲁盖尔 1562 年的一幅版画所传递的关于粪便气味的信息：一只猴子嫌弃地做着鬼脸，张开鼻孔嗅一个正在打瞌睡的走街缝纫用品小贩裸露的屁股。它身边的另一只猴子正在往小贩的帽子里撒尿，不过它的尿味并没有让另一只猴子感到任何不适。这个场景诠释了文艺复兴时期的医生们从古希腊时代继承的一个普遍想法：人类的排泄物比动物的排泄物还要难闻。① 一些医生也同样建议人呼吸厕所里恶心的气味来预防瘟疫，我们上文中已提到过这点。他们用一种更恶心的气味来驱赶臭味，不过是在运用古代的前辈们的观点罢了。著名外科医生安布鲁瓦兹·帕雷（Ambroise Paré）解释说，这是因为"一种臭味能祛除另一种臭味"。他还举例说可以把一头公山羊领回家驱赶瘟疫。尽管如此，他非常注意与这样的"粗俗观

---

① H. A. Klein, *op. cit.*, p. 84–85, *Le Mercier pillé par les singes*. À propos de l'odeur plus forte des excréments humains, voir ci-dessus, chapitre 2, note 7, et le conteur bourgeois Guillaume Bouchet, *Les Serées*, éd. par C. E. Roybet, Paris, A. Lemerre, 1873–1882, t. 3, p. 162.

点"保持距离。① 实际上，直到一部分医务人员把它判为可鄙的大众习俗，不再使用这些方法后，它们才真的变得粗俗起来。然而公山羊的历险此时尚未结束。它在古希腊代表人类可以想象到的最糟糕的气味之一——浓缩了与死亡有关的气息。在女巫被判火刑的时代，尤其是1580年之后，公山羊又被当作巫魔夜会上撒旦的化身。在20世纪最后的几十年里，普罗旺斯地区的人在马厩里用公山羊抵御瘟疫。② 希波克拉底和他的追随者们一定会对此称赞有加。

芬芳的颂诗

16世纪的爱情诗中，诗人们追忆心爱的女子为芬芳的梦。龙沙（Pierre de Ronsard）在1550年26岁时出版了他的第一部著作：一本彼特拉克式的颂诗集《爱情》（Amours）。他爱青春的美，称赞它散发混合了麝香、馨香及果香的迷人气味。③ "她的嘴上散发龙涎香和麝香"，他这样写道，并把她比作初春时美丽、芬芳的花园。她的头发"如同芬芳的小花"，也许他想要根据当时的习俗为她的头发"涂上麝香、龙涎香和香膏"。他获许近乎亲密地接触这位小姐、沉浸在她特有的气味中的时候，觉得自己支撑不住了。"因为你的香气侵袭了我所有感官"。在他等待获许用触觉更深入地探索时表

---

① Ambroise Paré, *Traicté de la peste, de la petite verolle et rougeole*, Paris, Gabriel Buon, 1580, p. 30 – 31 (1re éd., 1568).
② 吕西安娜·阿·鲁班:《气味世界——气味场的活力与功用》第205页关于上韦尔东的调查。
③ Pierre de Ronsard, *Les Amours*, éd. par Albert-Marie Schmidt, Paris, Le Livre de Poche, 1964, p. 8, 48, 98, 154, 165, 181, 395.

示，他在凝视一只蜜蜂在小玛丽唇上产蜜时，策略性地通过嗅觉获得了细腻又正当的愉悦感。另外，当他闻到点缀在她脸上的玫瑰芳香时，他也感到愉悦。这个冷酷的女人只消一个吻就能让他"神魂颠倒，心旷神怡"。这时，他可以清晰地说出她嘴里"甜蜜的味道"："胜过甘甜的百里香、茉莉、石竹、覆盆子和草莓味道。"

这些是陈词滥调？或许吧。不过毋庸置疑的是，这位诗歌王子为了接近他的猎物，灵活地结合嗅觉和味觉骗取她们芬芳、美味的吻。不过，我们不能轻易地相信看似怀着善意的人，龙沙也有很大胆放纵的一面，譬如他出版于1553年、被最高法院下令焚烧的《玩笑》(Les Folastries)。在此之后，这位谨慎的宫廷诗人倾向于不再冒险。但龙沙仍是他的时代的代表性人物。他写出了色情文学，但对女性来说，这些作品远没有他的爱情作品温柔。龙沙在谈到一位婊子（妓女）时这样嘲讽这个职业：

她真让他喜欢，摇动、喘息、流汗，
腋窝下冒出一头山羊，乳房间散发幽香，好似一座被藏红花香熏染过的黎巴嫩山，
沾上了粪便。①

1535年，克莱芒·马罗（Clément Marot）出版了一首关于"美丽的乳房"的讽刺短诗。他很快被想要延续这个题材的文学游

---

① Pierre de Ronsard, *Le Livret de folastries à Janot parisien*, Paris, veuve Maurice de la Porte, 1553, p. 15 (réimpression augmentée de pièces de l'édition de 1584, Paris, Jules Gay, 1862). 为了方便阅读，我把这本书的拼写现代化了，我在这本书中引用的其他古籍也做了这一处理。

戏的同行们模仿。一本以他之名发表的集体诗集《女性身体的颂诗》于1543年出版。① 其中有一些反颂诗，远没有那些以不可言喻的年轻姑娘为主题的理想化的诗歌令人愉快。马罗想象了一位老妪的乳房——干瘪、下垂，丑得让人作呕：

> 丑陋难闻的大乳房走开吧，
> 你流汗时散发的麝猫香，
> 足以熏死十万人。

非常仰慕马罗的欧斯托格·德·波里约（Eustorg de Beaulieu）写了一首关于鼻子的颂诗，是这样结尾的：

> 鼻尖的芬芳好过香脂百倍，
> （当靠近我的女士时）唤醒我的五感，
> 尤胜教堂里的乳香。
> 鼻子呼吸着这气息，
> 比龙涎香更馥郁
> 比麝香更清香，
> 靠近时才发现，
> 它不过是粪便。

---

① Clément Marot, *Les Blasons anatomiques du corps féminin*, Paris, Charles L'Angelier, 1543.在人文主义者虚拟图书馆网站可在线查阅：www. bvh. univ-tours. fr/数码版的引用中，第66—67 页（乳房）、B 7 v°–B 8 v°（鼻子）、27 v°–28 v°（阴部）、28 v°–33 v°（屁股）、37 r°–38 r°（屁）。

鼻子是一个很特别的附属器官,现代医学认为它与大脑直接关联。文艺复兴时期的学者们认为鼻子与性紧密相连。拉伯雷说男人鼻子的长短与他生殖器的长短成正比,这句话虽然听上去滑稽,但绝非戏言。[①] 有位痴迷推崇亚里士多德的意大利学者名叫吉安巴蒂斯塔·德拉·波尔塔(Giambattista Della Porta),他也是物理学家和光学家。他在1586年出版的拉丁文著作在国际上好评如潮,他在书中对此做出了严肃的解释"鼻子与身体的某些部位成正比"。男人的鼻子如果又长又大,那么他的生殖器也与之成正比,鼻孔大小则显示了睾丸的大小。也许大鼻子情圣会喜欢它被称为"管风琴游戏"。男性性征因此显露于他们脸的正中。而塌鼻子、短鼻子、扁鼻子的男人就被当作不擅此道,还常被指责气味很臭——如今人们认为嗅觉会对潜在伴侣发出危险信号,这是经视觉证实的。女性的性征在16世纪时不需要可见的证据,因为人们认为所有夏娃的女儿天生都具备。

他写到屁股的优点时兴致就更高了:屁股对整个身体有着"高度领导权",因为许多医生都"听从它的意见"来诊断病情,并常常试图与它合作进行治疗,"给它用栓剂/粉、香气、温和的油和灌肠剂"。他用了大量笔墨描写女性丰臀的魅力,尤其是"巴黎式"的大屁股,走起路来散发强烈的性吸引力。另外,他还诙谐地揭露了一种不太为人所知的女性特权。

……你可以在教堂里(出于某种需要)叹息和放屁,

[①] M. Bakhtine, *op. cit.*, p. 34; Jean-Baptiste Porta, *La Physionomie humaine*, Rouen, Jean et David Berthelin, 1655 (éd. originale latine, 1586), p. 154, 334.

> 即使这让鼻子败兴，即使人们说你大不敬。
> 可这仍是你美妙的特权。

他在结尾直奔主旨，以拉伯雷式的文风谈到人的自然生理功能以及让人愉悦的物质，既博学又有享乐主义的色彩。

> 要补充对你的赞词，
> 就要说到你支配四肢，
> 呈现它们的美，
> 或听之任之或使其衰败。
> 它们的快乐或悲伤都取决于你：
> 当你自然而然、迅速、大胆时，
> 或当你为自然之举感到痛苦时。
> 噢！骁勇的屁股，屡获功勋，
> 四肢倍感幸福，
> 尤其在你大便、放屁或咳嗽时，
> 恐惧就不会侵蚀它们，而是被死亡侵蚀。
> 因为你排泄了死亡。
> 因此承认吧，若非受益于你，
> 它们不会有美丽、悦色、快活和乐趣。

另一位佚名作者写了另一篇关于屁股的颂诗。他也把屁股作为所有感官的领主及身体的修复者，补充说"美在于基底"。其中的文字游戏比看起来更深奥。颂诗的第一层含义即字面意思，已在文

第三章 令人快乐的物质

本中阐明：

> 如果你偶尔把门关上，
> 眼就看不见，嘴似已死亡。
> 鼻子变得苍白、乳房行将枯萎。
> 你的邻居——阴部惊讶极了。
> 所有人都恳求你把它打开。
> 否则，他们将会凋零、失色。

诗中潜藏的戏谑、玩笑与文艺复兴时期的医生主张在美容用品中使用人的屎尿有关。

拉伯雷和龙沙时代的人文主义者从来都不是冷漠、呆板的人。他们表现出强烈的生命欲望，直言不讳。他们的作品毫不羞怯地散发着世上所有的气味，包括身体的排泄物及性的气味。弗拉芒或荷兰的风俗画家对"让人快活的物质"也不太反感。作家们对此戏谑的描写在上层社会和文化阶层中形成一种惯有的沟通模式，非广大的平民百姓可知。因为农民们从来不会购买这些轻佻的、拉伯雷文风的书籍，占当时人口近90%的文盲们也不会购买。而且，油画和版画不是地位低微的人可以触及的。他们既没有钱去购买，也往往没有足够的知识去理解作品的含义。因此，拉伯雷并不是一个可为通俗文化辩护的最典型的学者。恰恰相反，他属于百科全书式的人文主义主流，带着欧洲古代思想的烙印，并受到了古希腊多神教复苏的影响。基督教的文字审查官负责删改他和马罗作品中违背教条的内容，而且禁止龙沙的一本青年读物。然而他们并不能阻止在这个世纪反复出现的、推动肉体福祉的存在哲学的表达，这种哲学拒绝对色情、污秽及排泄物的禁忌。

这个近似伊拉斯谟的乐观人文主义流派最终失败了，致使这些幸存下来的作品都曾被流放到图书馆的昏暗角落里，直到近代才重见天日。得胜者们有时会毁掉作品，更常见的情况则是删除、隐藏他们所认为的下流部分，特别是对绘画。自1563年起，特伦托宗教评议会发起了一场对裸体的攻击，由"开裆"军队执行，他们是莫里哀戏剧中伪君子的原型，负责掩盖作品中已有可见的生殖器。在此之后，一些下流的行为也被查禁了。那个时代的资产阶级或思想正统的人很难忍受在老勃鲁盖尔及其模仿者的画中看到他们经常描绘的大小便的人。这些人常常会让改画师把这部分去掉。荷兰大师伊萨克·凡·奥斯塔德（Isaac Van Ostade）的两幅画就经历了这样的遭遇。在他创作于1643年表现村庄集市和教堂的一幅画中，右下角有个蹲着的男人与人群相隔一段距离，正对着一条狗的大便。这幅画后来被英国王室收藏，这个人物被一丛灌木覆盖了。这很可能是在1903年爱德华七世初期被悄悄修改的结果。在2015年白金汉宫的展览之后，近期人们对这幅画做了清洁时才发现这个最初的印记。他于1641年绘制的另一幅油画表现农场前宰猪的农民们，这只猪的爪子被吊了起来，离农场入口不远。一位富有的美国人在1969年阿姆斯特丹购入这幅画，并于2014年做了修复时人们才发现，画面左下角一个穿着衣服、坐在椅子上的男人原来光着屁股、正对着主场景蹲着大便。①

---

① Les deux restaurations sont signalées par Jori Finkel, « An Artist's Intentions (and Subjects) Exposed », *The New York Times*, 23 décembre 2015, p. C2.

在他之前，老勃鲁盖尔并不着迷于排泄文化。他的受众们是富裕的城市公民或贵族，他们有能力欣赏他对农村人行为举止幽默的描绘。因为这并不是纯写实的描画，它起到对上层阶级道德训诫的作用。17 世纪中叶，新的风化规范已经在这些社会团体中建立了起来。西班牙帝国统治下的尼德兰某个教区里的一个贵族在 1635 年 1 月犯了谋杀罪，最终却得到赦免。因为他的主要理由是，他晚上散步时突然受到了自然召唤想要方便，让行人离开这个地方却无济于事。他不想"在解决需求的时候受到惊吓，因为它需要独处"。[①] 用表现村民粗鲁行为的有趣风俗画来装饰室内会让人觉得自己比他们优越。这种社会鄙视很微妙，但也不失其深度。凡·奥斯塔德的两幅作品建立了一种农村居民和动物间的直接关系。因为在第一幅画里，狗观察着蹲着的人；在第二幅画里，猪被切成了碎块，它们是仅有的两种喜爱人类排泄物，乃至把它当作食物的动物——人们发现即使在城市里它们也是这样的。

短篇故事作者的笑谑

如果说绘画中引人发笑的部分——尤其在老勃鲁盖尔的画里，有时还带有对乡下人些许的同情，那么许多 16 世纪短篇小说作者的笑谑则直接表达类似社会区分的寓意。这些短篇小说在上层文化圈里引起共鸣，被当作一种聚集被鄙视链区分的各类群体的方式：朝臣、宫廷诗人、国王周围的学者、大小贵族、入会修士和在俗修士、财运亨通的资产阶级或受过教育的穷人……作家们的出身各不

[①] ADN, B 1813, f° 114 v°, 1635 年 1 月，西班牙帝国统治时期的荷兰某个地区。

相同，玛格丽特·德·那瓦尔（Marguerite de Navarre）是弗朗索瓦一世的姐姐。她既写色情故事，也写拉伯雷式诙谐中最卑微的人。这些作家们中无一人是真正的平民出身。而且，我们也常常忘记人很少只有单一的一面。比如龙沙，在他的颂诗中他是一个理想主义的爱人，而他的《玩笑》则揭示了他放荡粗暴的另一面。

（法国历史学家）费夫贺（Lucien Febvre）绝妙地形容玛格丽特皇后为"双重玛格丽特"。[①] 她既懂得运用最圣洁的笔调，也会用最污秽的语言。她写过一些极具精神性的作品，却同样也是《七日谈》的作者。这是一部收录了72个欢愉故事的作品，在玛格丽特皇后去世后10年，即1559年发表。这些故事可能源于宫廷的游戏，大家挑选一些人让他们用言语来竞相吸引听众。至少，那位女士并不拘谨，她的皇宫也不刻板。故事发生在科特雷（Cauterets）的浴堂里，有10个人在讲故事，男女各5人。第5个故事讲述了两位方济各会修士试图奸污一位女船夫，但被她愚弄的故事。第11个故事叙述了一位贵族女士悲惨的遭遇："她非常着急着去方便，以至于没看清坐便器圆环是否干净就坐下了，结果她的屁股和衣服都弄脏了。于是她喊人帮忙希望能有某位女士来帮她清洁，却被几位男士服务了。他们看到了她的裸体以及她最不想让人看到的状态。"受害者最后也和别人一起取笑自己不幸的遭遇，这是这个故事给人的教训。其中一位听众还向后来的读者示意：尽管这个故事中的意外"很肮脏"，却很合她的趣味，因为她知道故事女主角的身份。国王的姐姐玛格丽特皇后因此清楚地承认：谈论排泄物细

[①] Lucien Febvre, *Autour de l'Heptaméron. Amour sacré, amour profane*, Paris, Gallimard, 1944.

节属于其社交圈的礼仪底线。但她同样也认为这种做法带给人的乐趣值得人们违反礼仪。在她写的第 52 个故事中,恶臭被用来复仇。一位药剂师的侍从想要惩罚迫害他的律师,于是从"自己的袖子里掉下一粒形同糖块、用纸裹着的、冻住的屎"。那位跟着他的律师就把屎夺了过来藏在胸口。当他在小酒馆大吃大喝的时候,壁炉(的热气)使他外套口袋里的"糖块"化了。他闻到一股恶臭,便责怪女仆说:"是你还是你的孩子们把这间房间搞得都是屎。"她回答说:"谢天谢地!要是你不把污物带到这儿的话,这里就没污物。"他很快发现他奢华的狐裘礼服全弄脏了。

在几位游戏参与者之后的谈话中,男女的言语表达出现了本质的差别。通过大家的调解,玛格丽特表明"这个故事并不是很干净"。那些"话语从来都不臭",但其中的一些显得肮脏,"当灵魂比身体更不洁时,气味才是难闻的"。"屎"这个词尤其被忌讳,大家在讨论时都用代用语指代它。另外,在整本书中,只有律师一人说到这个词。尽管"屎"字源自平民阶层,但和律师对话的女仆还是把这个词替换成了"污物"。实际上,这位杰出的女作家知道屎这种物质在她的圈子里很微妙。在她写的第一版轶事中,下流话是从女仆口中说出的。第二稿中,她的描写则更符合宫廷中对女性行为举止的要求,玛格丽特试图避免负面的责难,并解释说女性经常喜欢虚伪地嘲笑这类东西,但她们不是完人,无法施展她们的美德。[①] 羞耻感被公认为是一种对下体功能的掩饰,这并没有掩盖

[①] 玛格丽特・德・那瓦尔(Marguerite de Navarre):《七日谈》(*L'Heptaméron*),米歇勒・弗朗苏瓦(Michel François)编辑的文本(根据 1560 年的版本),巴黎:加尼耶出版社(Garnier)1996 年版,第 334—336 页及附录第 443 页。

其中的快感，杰出的女性们越来越感受到羞耻。在她们的影响下，同阶层中的男士们也开始变得文雅起来。雅克·塔予洛（Jacques Tahureau）是一位来自勒芒的绅士，他在1555年前写了《对话》。他批评亨利二世（Henri II）周围意大利化的学者们每个人都在给自己的交谈者洒"宫廷圣水"以谋求事业发展。① 轻浮的语言和放荡的举止在整个16世纪仍是可以被全然接受的男性举止。这在皮埃尔·德·布代尔，亦称布朗托姆老爷（Brantôme/Pierre de Bourdeilles）的作品《风流女性生活》（Les Vies des dames galantes）中有诸多见证。

玛格丽特是那个时代唯一的法国短篇女作家。许多男性作家表现出的感受性与他们的性别息息相关。他们总试图逗乐读者，甚至还互相分享行之有效的方法。其中包括爱情的惊喜、女人、她们无限的性欲、贪吃贪色的修道士，以及让人欢快的排泄物。用这些来逗笑并不新鲜，因为中世纪的幕间短喜剧就已有这样的手法了。不过文艺复兴时期发生的重要改变是，这些话题在日常生活中无处不在，但人们在口头上慢慢地培养对下体的压抑和约束，因此两者之间的关系越来越紧张。这个现象所牵涉的男士们，譬如拉伯雷在这方面的玩笑则愈发多了，因为他要抵抗男子气概和大男子主义习俗的逐渐消退。作家们纷纷为与男性性征密切相关的物质或气味辩护，无论出身哪个社会阶层，由于年轻时都体验过排泄和放纵，他们习惯了露骨的语言并用之于写作，传递给了之后的几代人。不过他们对当时发生的变化很敏感，于是更常把这些有失体面的内容归

---

① Gabriel A. Pérouse, *Nouvelles françaises du XVIe siècle. Images de la vie du temps*, Genève, Droz, 1977, p. 163 – 168.

咎于城里或乡下的粗野小民。这样他们就能继续以此取乐而不招致严格的伦理学家们和正直的女士们的怒斥,为了合乎礼仪不得不掩盖自己的乐趣啊!

16世纪的第一位短篇故事作家菲利普·德·维诺勒(Philippe de Vigneulles,1471—1528年)于1505年至1515年间在梅斯写了"《新闻》"。梅斯在当时是一个在法国统治之外的神圣罗马帝国的自由市。维诺勒是一位呢绒商人,锱铢必较的典型资产家,具有当地公民或农民的性格特征。他描写女性时带有一定敬意,因为她们料理家庭、辛勤劳动、给丈夫提供很好的建议。在他的许多文章中,女性同样也很轻佻。人们是否可以一直像他笔下的一位天真的姑娘的丈夫一样,幽默地与人相处?这位头脑简单的姑娘被教士收了屁股税,并认为教堂在这个私密领域收税也是理所当然的。她的丈夫邀请牧师来家中吃饭。作为报复,他给牧师喝了他妻子的尿,并幸灾乐祸地说:"这美味的白葡萄酒是你征税的葡萄树产的。"除此以外,维诺勒对排泄文学也很感兴趣,他书中的十几个故事都围绕这个主题。梅斯的确很脏,街道在夜幕降临后就变成了"厕所"。排泄物在昔日能轻而易举地供人玩笑,而在今日带来的却是尴尬。正因如此,一个农民为了报复一个雇工,在他的帽子里大便。当这个雇工戴帽子时,他的伙伴们对这个气味表示十分反感:"呸!见鬼了!怎么这么臭?——我想您是在裤子里拉屎了吧。"另一个故事喜剧性地运用了一位绅士挑剔的个人习惯将他置于同样尴尬的困境中。故事的主人公有洁癖,他家的玻璃杯都要刷干净,手都要洗干净。他甚至不能忍受一个陌生人碰他的门,碰到后得立马清洁。当他自己的一根手指碰到自己的粪便脏了后,他难受地想要把手指砍断,但由于很疼,他就把手放进了嘴里。① 读完这个小故事可以得出两个结论:第一,新的行为和清洁规范在这一时期就已经出现了,但它们被作者视为滑稽古怪的事情。第二,这个故事有助于我们理解肉体羞辱及自我玷污的机制:排泄物只有当它从身体出来后才变得污秽,就像这位绅士惊慌的反应说明的,他想砍断自己的一根手指,因为手指在他眼里变恶心了。② 排泄物也可以用来冒犯别人的领地,当另一个人的身体被它玷污时。在雇工帽子的故事里,想要报复他的人就用了自己的粪便。更甚者,被戴绿帽子的男人给下流教士喝他老婆的尿,用这种奇特的方式扳回一局。必须让教士因喝了他所占有的女人的尿而感觉受到了羞辱,这足以让他的同代人发笑。

到 16 世纪中期,短篇故事家变多了。除玛格丽特·德·那瓦尔的作品外,短篇故事爱好者们还可以读到她的侍从博纳凡杜·戴·佩里耶(Bonaventure Des Périers)于 1558 年出版的故事。博纳凡杜是人文主义者及伊壁鸠鲁学说者,他开玩笑的方式更加轻佻,但并没有引用过很多与臭味、污秽有关的事物。不过他仍然捕捉到了一个与口味有关的、令人回味的过错。他写过一个年轻的寡妇收到了一个意大利式的吻的故事,补充说这在当时的法国很新鲜。当这位年轻的寡妇得知,在意大利人们只能对妓女这么做后,她就起诉了那个粗人。这个男人被指控把舌头放进了女士的嘴里

---

① Gabriel A. Pérouse, *Nouvelles françaises du XVIᵉ siècle. Images de la vie du temps*, Genève, Droz, 1977, p. 29, 44 – 47, 63; Philippe de Vigneulles, *Les Cent Nouvelles nouvelles*, éd. par Charles H. Livingston, Genève, Droz, 1972, p. 91 – 95 (n° 15), 124 – 125 (n° 23), 308 – 310 (n° 80).

② Erving Goffman, *La Mise en scène de la vie quotidienne*, t. 2, *Les Relations en public*, Paris, Éditions de Minuit, 1973, p. 58 – 65.

时，惊呼道："那为什么她要把嘴张开？她疯了吗？"这引起了审判员们的哄堂大笑，也借此把他们双方都打发走了。他们还戏谑地补充道，下一次女士被亲吻时若感到恶心，可以收紧下颚。①

还有一些作者延续了排泄和嗅觉文学。雅克·塔予洛（Jacques Tahureau）乡绅于公元1555年前发表的作品《对话》（*Dialogues*）多次引用了臭味。比如他描述一个胖仆人"肩膀闻起来像羊一样"；又比如他写一个不拘礼节的人脱掉鞋子后，脚"气味芬芳、风雅"。和菲利普·德·维诺勒一样，塔予洛对平民也表现出一种上层阶级中常见的优越感，描述他们是"愚蠢、易变的粗人"。《危险世界的故事》（1555年出版）的匿名作者也是如此，他嘲笑农民无知，尤其是没有嗅觉的无感。书中第38个故事讲述了一个富裕的年轻村民与一位贫困的乡村贵族女孩之间违背常理的爱情。这位小姐送给他一双香手套。他"以前只习惯于闻公猪的香味"，现在随时随地戴着这副手套，甚至包括他清空马厩粪肥的时候。他说"如喜欢他最好的牛"那么喜欢他的未婚妻，"甚至更喜欢她"。②

16世纪后三分之一的年代里，此类作品数量大增，仿佛是要消除可怕的宗教战争带来的悲剧：雅克·伊弗（Jacques Yver，1572年）、艾建·塔布罗（Étienne Tabourot, sieur des Accords，1572年？和1588年）、安托万·杜维迪耶（Antoine du Verdier，1577年）、菲利普·达克力普（Philippe d'Alcrippe，近1579年）、贝尼尼·帕

---

① Bonaventure Des Périers, *Les Nouvelles récréations et joyeux devis de feu Bonaventure Des Périers*, valet de chambre de la royne de Navarre, Lyon, R. Granjon, 1558.
② G. A. Pérouse, *op. cit.*, p. 146, 161, 176; *Les Comptes du monde aventureux*, éd. par Félix Frank, Genève, Slatkine, 1969, t. 2, p. 30–36.

斯诺（Bénigne Poissenot，1583 年，1586 年）、尼古拉·德·肖利耶（Nicolas de Cholières，1585 年，1587 年）、诺耶·杜·法耶（Noël Du Fail，1585 年）、布诺瓦·杜·同西（Benoît du Troncy，1594 年）、纪尧姆·布歇（1584 年，1597 年，1598 年），他们的作品延续了拉伯雷表现身体和排泄物的风格。这些作家中最著名的是杜·法耶乡绅，他同时也是布列塔尼最高法院的律师和咨询师。不过这份严肃的职业并没有阻碍他往自己作品中加入一些气味。杜·法耶 1585 年在雷恩出版了《乌塔佩的故事与讲话》(Contes et discours d'Eutrapel)，他在书中提出了一种奇怪的气味：一位男士看到他风雅的情敌拿着一株紫罗兰追求他喜欢的姑娘，由于不善言辞，他就拿了些紫罗兰盖在帽子上做了一个"金字塔状的杰作"送给心爱的姑娘。作者是否知道紫罗兰只能留下片刻的芬芳，是当时最难萃取香味的花之一呢？在上述其他作家中，本职为法官的第戎作家艾建·塔布罗（Étienne Tabourot）在作品中也穿插了许多带有气味的玩笑。比如他笔下有个非常愚蠢的主人公高拉（Gaulard）。两幅分别描绘着面包炉和"坐便器"的版画上方有他的座右铭："从此及彼"。里昂行政官布诺瓦·杜·同西（Benoît Du Troncy）于 1594 年出版的作品《被戴绿帽的布勒丁的可笑合同》(Le Formulaire fort récréatif de Bredin le Cocu) 也属于同种风格。杜·同西自称是被戴绿帽的布勒丁，他是一位乡村公证员，并以他的名义写了 36 种非常荒谬的合同，充斥黄色笑话和人畜排泄物。① 塔布罗在 1588 年用笔名出版了作品《第戎夜话》(Escraignes dijonnoises)，书中 50 个故事里有 10 个以性为笑料，12 个

---

① G. A. Pérouse, *op. cit.*, p. 324, 413 – 414, 443.

用了屁，11个用了粪便，还有两个用小便作为笑料。第41个故事中，一个笨拙的农民无意间参加了一场辩论比赛，辩论对象是一位绅士博学的女儿，比赛的奖励是与这位女子结婚。当他让她晚饭煮几个蛋时，女子反驳说："你说得像拉屎一样好"，于是他把帽子递给了她，因为不久前他尿急就在里面方便了。"我的小姐，这就是了。"这让女子哑口无言。结果他赢得了娶她的权利。①

这些作品还记录了重要的行为演变。杜法耶提到，弗朗索瓦一世时期贵族礼仪的黄金时代消失了。那时候，每个人都可以随心所欲地从餐桌上的公用餐盘里取用肉和菜。他惋惜道，如今人们用小盘子吃饭，但这些从今以后只能靠"酒意、演说、吻手礼和屈膝礼过活的人们活成了半个人"。他借主人公乌塔佩（Eutrapel）之口，这样回答那些不喜欢"肮脏"的故事、难相处的人：自然而然的事情没有什么是丑的，这些话在圣徒语录中也出现过。他非常宽容地认为"一个好人不会节制地放屁［用弗鲁瓦萨尔（Froissart）的话说就是"吹风笛"，并把它们连成"十四行诗"］。每每想到过去农村的习俗，杜法耶就会为之感动：人们会在夜晚玩爱情和触摸的游戏；年轻男子们绕着坟墓跳刚劲、雄浑的舞蹈；他们在衣服里藏些石子，随时准备与情敌来场不可避免的争斗。他说，因为当时平民与农村贵族间的隔阂并不存在。② 尼奥尔（Niort）的市长雅克·伊弗（Jacques Yver）英年早逝，他在1572年出版了他的唯一著作

---

① ［Étienne Tabourot, sieur des Accords］, *Les Escraignes dijonnoises, composées par le feu sieur du Buisson*, 2ᵉ éd., Lyon, Thomas Soubron, 1592, p. 87–91.
② Noël du Fail, *Contes et discours d'Eutrapel*, réimpr. par D. Jouaust, notice, notes et glossaire par C. Hippeau, Paris, Librairie des Bibliophiles, 1875, t. 1, p. 135–136, 145; t. 2, p. 14–16, 35–36, 240.

《伊弗的春天》(Le Printemps d'Yver)。在书中，伊弗也为普瓦图农村乡绅们淳朴的习俗的消失倍感遗憾。他叹息道：时代变了。如今出身好的年轻人要去看世界，说好听的口音，假装觉得什么都不新鲜。他嘲笑那些被意大利化的同行，说他们傻乎乎地称呼"我的女士"，而不是"我的母亲"。

很明显，这些新风俗拉开了农村贵族与农民间的距离，这两个人群从前的交往日常而频繁，特别是他们青年时。贝尼尼·帕斯诺（Bénigne Poissenot）假装崇拜雅克·伊弗，实际上却与他的观点南辕北辙。前者在10年后出版的作品《被告人》（1583年）中对农民表现出强烈的鄙视。帕斯诺于1558年出生于朗格勒（Langres）附近的一个村庄，既不是乡绅也不是农民。他学习法律，有广博的人文主义知识，意识形态更接近巴黎的资产阶级，是虔诚的天主教徒，与加尔文派教派势不两立。帕斯诺的故事背景设在隆格多克（Languedoc）地区的一次学生旅行过程中。在这个故事里，他强烈批评农村人的贫困、粗鲁以及肮脏，惊骇地描写了农村人残忍地对待落单的士兵或普通的游客。帕斯诺在农村的节庆中只看到了当地及附近的单身男孩们酗酒、粗暴的特点。他总是佩剑提防他们，对这些"粗俗的人""下等人""没有什么优点的人"十分鄙夷。[①]这位年轻的作者实际上与他的前辈们非常不同，他通过宗教严苛的滤镜来看世界。他在1586年出版了自己的最后一部作品《新悲剧故事》，之后无声无息地去世了。他是不宽容主义文化的先驱，在路易十三时期，这种文化被用来强烈抨击过于色情、低俗、不够正

---

① G. A. Pérouse, *op. cit.*, p. 284–286.

派的拉伯雷式享乐主义的故事。尼古拉·德·肖利耶的作品有点接近这个类型,但依然保留了比较明显的放肆风格。

比起对乡村平民的嘲笑,旧的戏谑并没有消失,但相对来说的确宽容了不少。布诺瓦·杜·同西是城里人,他在 1594 年时对乡村平民总表示同情。纪尧姆·布歇(Gauillaume Bouchet)在 1584 年至 1598 年间出版的三本系列作品《夜晚》(Serées)也是如此。他的父亲是著名的印刷厂厂长,同时也是普瓦捷市博学的资本家,喜欢文艺晚会及有趣的玩笑。布歇带着一种和蔼的优越感看待村里人。[1] 他喜欢讲述他们天真、可笑的故事来逗乐和他志趣相投的人,其方式类似于勃鲁盖尔或他同时代的风俗画家。他的文艺晚会聚集了许多像他一样的饱学之士,都为风俗文明所触动。他们被大胆的主题逗笑,同时又与它保持距离。比如参与晚会的人们讨论过一个自古以来医生们不断谈论的话题:"粗野的动物的排泄物并没有比人类的排泄物的气味更难闻。"他们谈到下流的话题时非常开心,比如作为晚饭开始时的餐前小点心的故事是关于一位爱开玩笑的议事司铎搬起石头砸自己脚的倒霉事:

> 一位爱嘲笑人的牧师去看医生,
> 询问医生这个问题:
> 为什么我总是在小便时放屁?
> 这没什么,医生对这个放屁精说,
> 因为驴子也常常这么做。

---

[1] G. A. Pérouse, *op. cit.*, p. 381–385; R. Muchembled, *L'Invention de l'homme moderne*, *op. cit.*, p. 112–134.

布歇明确指出这番话让宾客们十分开心,尽管"主题有点脏"。另一则轶事的主角是一位胖修士,他在路上小便时引得路人大笑。讲故事的人想解释说胖子"很笨拙"时被打断了。在场的女士们威胁说如果他继续讲下去,她们就准备离席了。其中一位"很端庄、有教养"的女士认为,在"路上小便既不正派也不雅观"。她补充说,就算是土耳其人,要是不得已在马路上方便的话也会觉得很难为情。

嗅觉在这部作品中起到了非常重要的作用。如果想讨狗喜欢、被它跟随,只要喂它吃夹在胳肢窝下很长时间的面包就行了,有人如此解释。仿佛忠诚在于听从鼻子的指引?气味也被性别化了。人们认为女人月经来潮是因为她使胎儿流产了。文艺复兴时期的医生们普遍接受了老普林尼的观点,他认为从这些"花朵"中释放出来的受污染的空气具有破坏性。第17个夜话故事围绕气味的主题,它浓缩了那个时代所有与此相关的学术和民间知识。布歇断言说气味在远处比近处更加强烈,因为它们"只不过是高温造成的蒸汽而已"。一个病人的体液腐化了以后会产生糟糕的气味——气味越强,他的健康状况就越糟糕。因此笑有益健康,它让屁排出(体内脏物),因为支配呼吸的横膈膜肌肉"有助于排泄"。之后的讨论围绕避免体臭的方法。医学上的答案是同类(物质)会抵消同类(物质):一个有麝香味的人无法辨认出另一个气味相同的人。吃难闻的东西可以减轻臭味。一个爱开玩笑的人发言说道:要避免感觉到寒冷,只要在手帕里放一坨新鲜的狗的粪便,闻一下它的味道就可以了,因为我们能感觉到的只有它的臭味了。这段话引起了哄堂大笑。之后,人们愉快地谈论食物的香味以及亚里士多德所认为的可以改善健康，甚至能引起感官快感的气味，其热量可以抗击大脑中的寒冷，例如大蒜，"人们不应该排斥吃大蒜的人，因为这个季节就当如此"。这是在隐喻亨利四世吗？众人皆知他因过度食用蒜而气味难闻。布歇表示大蒜和洋葱还是士兵的食粮，因为它可以燃起斗志。在过去，法国人使用大蒜、洋葱，但却拒绝香水，因为香水的味道掩盖了天然的瑕疵。而瑕疵——如马歇尔（Martial）所说——是女性最完美的气味。当古罗马人开始使用香水时他们就开始衰落了，香水让他们变得柔弱。① 而一个在污秽的环境中长大的人呼吸到香味时是会昏倒的。有一个农民走进城里的一间药房时觉得非常不舒服，甚至感觉要死了。一个聪明的孩子救他时说，"给他闻点肥料的味道吧，他是闻着这味道长大的"。这个故事反映出城里人在气味上的优越感，尽管他们生活在各种恶臭中。对他们来说，别人——下等粗野的人才是臭的。然而，这种鄙视一直作为一种习俗延续了下来。布歇（的作品中）就常常对乡村人表示同情，甚至有一种荒诞的柔情。他用同样的笔调写了一个古代神秘民族的隐喻。这个民族的成员追捕"外国士兵或其他身上带有香味的人"。布歇承认，麝香、麝猫香以及龙涎香是被用作"抗传染性臭味"的药剂。他总结时把人们喜欢的宜人香味与他们讨厌的臭味对立了起来，"好的气味接近我们的天性，而所有臭味则来自我们天性的不协调"。好的气味简而言之属于上帝造物的和谐，臭味则是对它的质疑。我们在第五章中会对此更详细地说明。

---

① 见第七章：我试图运用这个关于18世纪法国帝国末日气味革命的奇特理论。它也同样能让我们理解我们时代的政治灾难呢？

到达的方法

《到达的方法》（*Le Moyen de parvenir*）这本晦涩的作品出现于1616年，它是见证拉伯雷文学风格的最后一部巨著。作者弗朗斯瓦·贝罗那德·德·维维勒（François Béroalde de Verville）在这本书中想象了一场盛宴，嘉宾们来自各个时代，往往都是学识渊博的人，他们天南地北、东拉西扯地聊天，创作出数不胜数、没有明显的关联的故事。贝罗那德于1556年出生于巴黎，他的父亲是一位博学的人文主义者、希伯来语老师及严格的新教徒。贝罗那德的本名是弗朗斯瓦·布鲁艾（François Brouard）。后来他使用他父亲的笔名"贝罗那德"，并加上了一个有助于自称贵族的阁下尊称。贝罗那德·德·维维勒在父亲的监护下长大，积累了人文主义百科全书般的知识，常常接触的两位学友后来成了名。一位是阿格里巴·德·奥比涅（Agrippa d'Aubigné），后来信奉了亨利四世的加尔文教义；另一位是皮埃尔·德·莱斯图瓦勒（Pierre de L'Estoile），出身于巴黎的大资产家庭，是高级行政官员、著名专栏编辑，与政治党［parti des Politiques，他们是温和的天主教徒，1589年归顺了亨利四世（Henri IV）］关系很近。贝罗那德的生活并不太为人所知。他的父亲在他11岁时再婚。贝罗那德经历了圣巴托罗缪大屠杀（Massacre de la Saint-Barthélemy），迫使他独自流亡到日内瓦。其间他收到父亲的一封信，劝告他遵行加尔文教义、行为端正："注意不要与行为不端的人或蔑视上帝的人为伍，恶习很可能会让你败坏，这样上帝会对你愤怒。"事实上，他很可能没有虔诚地遵从他父亲的意见，而是通过佩剑、决斗以展示他所谓的贵族身份。

他在 1575、1576 年左右完成了他的医学博士论文的答辩。1578 年,他可能住在里昂,然后回到了日内瓦,1583 年在巴黎定居。在 1577 年,新教徒们有了思想上的自由,他从那时开始出书,作品很受欢迎。他写了寓意小说、诗歌、道德教育论著、杂文,以及无法归类的《到达的方法》,副标题是一部根据美德的功效解释它在过去和未来存在的原因的作品。(Œuvre contenant la raison de ce qui a été, est et sera, avec démonstrations certaines selon la rencontre des effets de la vertu.)。贝罗那德在 1589 年左右去图尔(Tours)定居,某一天发誓弃绝新教,为了稳定的物质生活离开了军队的事业。1593 年,他在当地的市教务会中得到了一份富裕清闲的工作,于 1626 年去世。

贝罗那德在 1616 年出版的《到达的方法》的叙述艺术堪称完美。他运用了拉伯雷式的细节和效果。40 多个故事取自波焦(Poggio Bracciolini)的逸闻妙语录,《100 个新闻》(*Cent Nouveues nouvelles*)来自戴·佩里耶、杜法耶和布歇。只有很少的作品来自传说。其中三十几个故事很可能源自作者的想象和经历。[1] 这本书的语言泼辣。贝罗那德反复提到人的下体,不顾马莱布(François de Malherbe)所推广的关于语言之纯洁、体面的严格规范。马莱布于 1605 年被晋升为宫廷诗人。"谈论屁股很好,这类语言会很美妙。"他说到做到,因为这个词语在他的作品中出现了至少 154 次,并把它变成了一种哲学:"噢,我的朋友——可怜的、必死的动物,你难道不知道你有身体就要清空它吗?"但是他对于这个主题诙谐

---

[1] Verdun L. Saulnier «Étude sur Béroalde de Verville. Introduction à la lecture du *Moyen de Parvenir*», *Bibliothèque d'Humanisme et Renaissance*, t. 5, 1944, p. 209-326.

的神学思考遭到了思想正统的人的怒斥：

"我的朋友，如果你想置人于死地而不为人知的话，往他的屁股里狠狠吹气，这样他的灵魂就会从嘴里出来了。""在这个世界上做的任何事都是为了锻炼屁股先生，为此，若要堵住屁股、不去碰它，就应该什么都不要入口。在我的话说完前，我要问你们经常做爱的法国人和英国人：你们喜欢哪一种做爱方式？从一个姑娘的脊柱末尾还是从屁股的洼地与她做爱？啊，屁股的洼地是嘴，因此，我们烹调的所有美味佳肴都不过是在用牙齿造屎、让屁股大师运作，屁股兄是整个身体的舵手、灵魂的宠儿。我可以向你们证明：如果屁股不健康、招待不周、排泄不好的话，那么灵魂也会不舒服的。"有一个类似猜谜般区分一个土耳其人和一个天主教徒的方法：这两个男人裸体时——当然这不太天主教，"告诉你们，应该去闻他们的屁股，屁股有葡萄酒汁味道的人应该是天主教徒，因为土耳其人滴酒不沾。"①

在《到达的方法》一书中多次提到身体的作用：提到了73次排泄物（粪便）、29次屁股、77次小便（加上5个关于尿的例子）。上文中引用的"用牙齿造屎"这个表达第二次出现时，作者对之前同信奉加尔文派的教徒表现得更加不敬。

---

① François Béroalde de Verville, *Le Moyen de parvenir*, Paris, Anne Sauvage, 1616. Corrigé par Les Bibliothèques Virtuelles Humanistes, www. bvh. univ-tours. fr/, p. 83, 196－197, 430－431, 492.在这一个版本中计算了作品中一些词汇被提到的次数。

在阿尔萨斯地区一个美丽的地方,女人们很端正,一周只撒一次尿。她们每周五成群结队地像去集市一样去撒尿。尿汇流成溪,德国人、弗拉芒人和英国人都用它来酿啤酒。难怪她们偏爱法国人,因为她们认为自己的丈夫想把尿再次灌入她们体内。人们把一些不会撒尿的女人送到日内瓦,那里有几家不错的学校,教女人结伴当众毫不羞耻地撒尿、拉屎,她们在那里改掉了压抑肛门、肠道的愚蠢的羞耻感。

法国首都的居民也都模仿农村平民这样谈论这类事物的方式。

"我们家的玛歌,穿过房间来给夫人送一只鸡蛋。她在房间当中问候我们时突然很'饥渴地'想放屁,也就是说她迫不及待,就像巴黎人说的:我'很饥渴地'想要撒尿、拉屎。她生怕把屁放出来,就收紧了屁股,却矫枉过正。没想到她的拳头握得太紧以至于压碎了鸡蛋,还放开了屁股放了个响屁。'什么,您放屁了,我对她说?'她说:'先生看,我吃了豌豆。'"

贝罗那德还表示,如果(室内)没有"尿盆",人们就会在院子里小便,或"在壁炉里小便,就像巴黎旅馆里的人在街道上小便那样"。[①]

气味在这本书里被提到约 15 次,尽管是排泄物的气味,都拿

[①] François Béroalde de Verville, *Le Moyen de parvenir*, Paris, Anne Sauvage, 1616, p. 134, 180, 188, 357, 433.

来当作各种各样的笑料。一位哲学家丈夫谈到他的妻子喜欢对他搜肠刮肚，因为"她睁开眼时就要放开屁股放个臭屁，如牛内脏里的味道，闻起来像上千个魔鬼"。他喃喃低语，女性有许多"气味比麝猫香还要强烈的管道"。但不幸中的万幸是，这种恶劣的气味使他不得不把鼻子伸出床外、睁开眼睛，因为他怕"被闷在这种蒸汽中"，然后立即起床了。他总结说"这就是这个假装温和的屁股的好处"。

有一个关于臭味如何变成了有强烈性吸引力的产品的故事经久不衰，尤其在交际花的圈子里行之有效。作者写了一篇关于那个时代的嗅觉小论著，其中提到了来自动物性腺的麝香，它具有不可抵挡的吸引力。

《到达的方法》最初是匿名出版的。1757年的版本上才第一次出现了作者贝罗那德的名字。这位圣加蒂安（Saint-Gatien）的教士在他生命最后的10年里没有在他其他任何著作上署名。他很可能害怕被当成写淫秽、粗俗文学的作家。因为从1618年起，对书的审查变紧了，对蔑视宗教的人的追捕也变得更加猛烈。17世纪时，严酷的反宗教改革运动在法国取得了胜利。著名的宫廷诗人提奥菲勒·德·维奥（Théophile de Viau）被指控不信教以及有侮辱宗教的行为，他在1619年时被逐出国，于1623年回国后被判了火刑。因为他在此前一年以自己的名字在《讽刺的巴纳斯》合集中出版了淫秽的诗歌，最终被减刑为终身流放。这一事件在当时引起了很大的轰动。他其实是一个年轻的贵族团体的领袖，他们因为博学放荡以及无神论的名声而被排斥，但是受到了强有力的人物的保护，比如蒙莫朗西公爵在尚蒂利的家里接待了德·维奥，还有国王的兄弟以及他周围的人。

然而贝罗那德没有这样的支持，他或许害怕遭受更惨重的打击。《到达的方法》这本书其实很容易被指为亵渎宗教。如果天主教的卫道士们数过作品中涉及的宗教词语就会发现其中更多提到的是魔鬼的词语：以同义词形式出现的有165个、"反基督者"的有6个。它们比对上帝（96个）或对基督（1个）的影射还多，即使算上异教的神（5个）。就算天主教的卫道士们没有数，他们读到其中的一些段落时也会愤慨，比如嘴往屁股吹气灵魂就会被吹走。贝罗那德和他的楷模拉伯雷一样都是医生及天主教教会的成员，面对说教者他表现得极其放肆。他写道："照我看来，愚人并不只聚集在一个岛屿上，五湖四海、四海之外，甚至我们的世界之外，他们都无处不在。"他从前是新教徒，也许是在针对入修会的教士？不论如何，他的讽刺证明他不太喜欢"改革后的歌德利埃的修会修士、牧师、耶稣会会士以及另一个新世界的人。"不论是日内瓦加尔文派的教徒还是天主教改革的胜利者，贝罗那德把他们当作正统教义强硬的捍卫者。玛格丽特·德·那瓦尔更偏爱简单、纯粹的基督教，她讨厌方济会修士。提奥菲勒·德·维奥遭到耶稣会重要会士所指使的迫害。贝罗那德婉转地表达了他不愿两个教派间的争夺转向狂热。他在文章《论据》的最后一段中直言不讳地向读者坦白："告诉我，你们想要到达吗？读这本书真正的方法像看画一样：一联一联展开。"据说有些人出言不逊："这就是无神论者的特点。"① 其实，这部作品大致的理念近似于喜好污秽、淫秽、诙谐的、思想离经叛道的人，更与他们对眼前正在崛起的宗教教条主

---

① 弗朗斯瓦·贝罗那·德·维维勒：《到达的方法》，第83、414、445、591页。

义的质疑近似。伊拉斯谟及法国人文主义先驱对人生乐观、自信的文化向排斥异己、伪善、悲观的人文主义屈服了。但是它们并没有彻底消失。提奥菲勒·德·维奥的作品在17世纪时出版了88次，比马莱布的书多5倍。在同一时期，《到达的方法》私下多次重印。从1757年起，这本书再版时更常署上了作者的名字。时至今日它共出版了50多次。

臭肠风

两位通信者在几封书信中关于粪便的谈论非常惊人，她们似乎读了《到达的方法》。这些书信都出于贵族之笔，发起通信交流的女士是伊丽莎白·夏洛特（Élisabeth-Charlotte），她是普法尔茨的公主（Princesse Palatine）、太阳王路易十四（Roi-Soleil）的弟媳。她在1694年10月9日写信给她的姑母——汉诺威选帝侯夫人索菲（Sophie），索菲当月31日给她回信。伊丽莎白·夏洛特显然当时情绪很差，她抱怨说，当她去枫丹白露时，她不得不当着所有人的面在野外方便。当时她失宠了，因为她强烈反对（路易十四）她的儿子——未来的摄政王安排的婚姻，她认为这桩婚姻是降低身份。这导致路易十四没有原谅她还冷落她。她为此感到很痛苦。因为她知道她的通信是公开的，她就在信中巧妙地加入了对敌人——曼特农夫人（Madame de Maintenon）的痛骂，叫她"大杂烩""老阴户"，然后突然爆发似地大谈粪便，也许这是她以自己的方式来报复。这些话语也十分粗俗。

我的欢愉需要借由粪便才能得到，令我非常难过；我希望第一个发明大便的人和他所有的族类只能在挨棍子揍时才能大便。见鬼！我们活着怎样才可以不用大便？您和世界上最好的伴侣一起用餐时，想大便、必须大便。您和一位漂亮、喜欢的姑娘在一起时，您想大便，不大便就会爆裂。啊！见鬼的大便，我不知道有什么比大便更臭的事了。看着一个美丽、亲切、整洁的人，你要感叹了：啊！如果他们不大便会是多么漂亮啊！我原谅锁匠、士兵、警卫队、搬运椅子的工人这类人大便。但是皇帝大便、皇后大便、教皇大便、"枢机主教"大便、王子大便、大主教和主要神职人员们大便、司令大便、神父大便、副本堂神父大便。因此要承认这个世界上充满了肮脏的人，因为人们露天大便、拉在地上、拉在海里，全天下都是大便的人，枫丹白露的街道上溢满屎，因为他们拉的屎比你们的大，女士。如果您觉得您在与一位小嘴皓齿的姑娘做爱，其实您是在与一个粪坑做爱；所有的美味佳肴、饼干、肉酱、馅饼、山鹑、火腿、野鸡，都不过是为了制造嚼碎的屎罢了。

最后一个表述让人想起贝罗那德的话："用牙齿造屎"。机灵调皮的人知道如何用言语隐晦地轻微重伤，避免（没有说明生理原因）在结尾处提到国王和王后。她的姑母索菲很可能感觉到了危险，因为这位写信迷的大伯——在世最强大的君主可能会很冷酷。[1] 要知道他对她的回答一清二楚，因为他的密探就在信使身边监控她。索菲一番热情洋溢的称赞很可能是要逗笑路易十四，让他放松戒备。

---

[1] G. Brunet, *op. cit.*, t. 2, p. 385-386, 附有两封书信的文本（上文中引用了第一封书信的开头，第二章，注释16）。

"您对拉屎的评说很有趣,似乎您不太享受其中的乐趣,因为您不知道有什么要拉,这是您最大的不幸。从来不拉屎才会感觉不到拉屎的乐趣;因为拉屎是我们所有的天然需求中最快乐的。很少有拉屎的人不觉得自己的屎好闻;大多数的疾病都是因为便秘,医生们只有让我们不断拉屎才能治愈我们的疾病。谁拉屎拉得好,谁就恢复得快。可以说我们拉屎也是为了吃,如果肉变成屎的话,那么屎就变成了肉,因为最鲜美的猪吃的屎最多。最美的姑娘拉屎拉得最好,那些不拉屎的姑娘干枯、瘦弱,会很难看。美丽的脸色都靠经常灌肠排便得来的,因此我们要感谢拉屎给予的美貌,医生们最精通的莫过于谈论病人的屎了,他们不是还让人从印度带来无数专用于腹泻的药品吗?最珍贵的药膏和脂粉中都含有屎。要是没有黄鼠狼、麝猫或其他动物的屎,我们还会有最迷人的气味吗?[……]因此应该认同大便是世界上最美好、最有用、最舒服的事情了。

选帝侯夫人索菲总结时提到她的侄女当时受到坏情绪的影响,尽管她有"随时随地大便"的自由。应该没有人可以比她更机智地使这个好动、惹主人厌的孩子恢复条理了。她还顺便揭露了一些那个时代被埋没至今的现实情况。首先,人们并不排斥排泄物,包括在她的阶层。因为她声称人们普遍喜欢自己大便的气味。其次,医务人员主张用排泄物和尿来制作许多药剂。[①] 最后,大多数的香水都来自动物的性腺。

---

① 见下文中的例子,第六章,《回春泉》。

普法尔茨的公主并不知道自己会被当作一个例外，像一个没有教养的德国人那样。她描述宫廷中不知羞耻的游戏，其中有一个游戏是她和她的丈夫、儿子——未来的摄政王之间的放屁比赛。她在 1710 年讲述说，国王总要防止自己放屁，但是王储和他的妻子就不用注意这方面。在法国，风俗文明进步的过程中曾遇到传统的阻碍。① 《屁的欢乐新笑剧》（*La Farce nouvelle et joyeuse du pet*）在中世纪时就已经吸引了大众。1540 年，《关于屁的愉快闲谈》在巴黎出版，我们记得 3 年后欧斯托格·德·波里约（Eustorg de Beaulieu）打造了一首屁的诵诗。1544 年出版了法语译文的伊拉斯谟给年轻人的建议：不要收紧屁股憋胀气，因为举止礼貌可能会得病。最好走出去放屁，如果不行的话，"用咳嗽来掩盖屁声"。一个世纪以后，修道院院长科丁（Cottin）关于这个主题创作了谜语般的句子：

> 因为我，有个女性受到了影响，
> 一种不好的影响。
> 人们因为我的出生而脸红，
> 就像人们因为罪而脸红一样。

放屁的行为受到了强烈的道德主义攻击而被削弱了，礼仪规范有时也禁止人放屁，但它很快又恢复了。不仅在社会顶层、路易十四的皇宫里，而且启蒙运动时期的医学著作中也有记录：1754 年，贡

---

① Roger-Louis Guerrand, «Prolégomènes à une géographie des flatulences», dans R. Dulau, J. - R. Pitte (dir.), *op. cit.*, p. 73 – 77.

巴吕歇（Combalusier）医生写了一本关于（肠胃）胀气疾患的大部头论著（*Pneumopathologie des maladies venteuses*）。显然，人们经常把它当作玩笑。玛丽·安托瓦内特·法尼昂（Marie-Antoinette Fagnan）在 1755 年出版的《屁，一位英国士绅的冒险故事》（*Histoire et aventures de milord Pet*）打破了隐形的限制，因为她借用了英国风尚写了之前仅限于男性作家的主题。她在开头写道，"我在这里叙述的是一位著名的英雄的人生，他的名字响彻世界"。"屁士绅出生于一个名叫克洛特（Culotte，法语为'内裤'之意）的荷兰城市，在她两位芳名'屁股'的双胞胎姐姐的怀抱中来到世上。他的母亲名叫'大肚子'，没有怀他很久。"修道院院长安托万·萨巴提耶·德·卡斯特（Antoine Sabatier de Castres）在 1766 年推敲"两个屁"的故事时延续了拉伯雷生动的风格。他写的故事大胆，无所顾忌地吸取了他读过的贝罗那德教士写的令人遐想的物质，把它运用到这个气味浓厚的故事中。他根据当时新的风格，把它写成了诗句，并夸张了一些细节，以飨当时高雅的读者群。不过，他强调恶臭的空气"从肮脏的部位迅速溢出"、带着污物的微粒，以及削弱男性刚劲之力的潮气。他的总结不如拉伯雷那样欢快："意大利女人的肛门不过是洗碗槽。"（屁的）衰落带有对女性，尤其对外国女性的蔑视，表明臭味同样也变成了一种排外的隔阂。[①]

所有的人类社会中都存在排泄的习俗。[②] 欧洲旧制度时期对排

[①] *Contes immoraux du XVIIIe siècle*, éd. établie par Nicolas Veysman, préface de Michel Delon, Paris, Robert Laffont, 2010, p. 153–157, 1253–1254.

[②] John G. Bourke, *Scatologic Rites of All Nations*, Washington (D. C.), W. H. Lowdermilk and C°, 1891.

泄习俗有诸多的表现,与嗅觉有直接的关系。法国人习惯用它来开玩笑。军事学校的老师皮埃尔·托马·余赫多(Pierre-Thomas Hurtault)在1751年匿名首次出版了《放屁的艺术》(*L'Art de péter*)。这本书在初版时配以一幅再形象不过的版画,1775年再版时加上了鲜明的副标题:《身体的理论和方法随笔——适用于便秘、沉重、苦修及受歧视的人》(*Essai théori-physique et méthodique, à l'usage des personnes constipées, des personnages graves et austères, et de tous ceux qui sont esclaves du préjugé*)。① 我们大可认同作者的观点:"人们让屁背上不雅的名声,只是随了人自己的脾气和任性罢了。"按照他的建议,可用"咳嗽、椅子、喷嚏或跺脚这些小伎俩(来掩盖屁声),这样别人就不会以为是你放的屁"。然后,他对屁进行分类:外省人的屁"不及巴黎的屁掺的假,在巴黎所有的东西都变文雅了"、妇人的屁、处女的屁、剑术师的屁、贵族小姐的屁、年轻姑娘的屁、带着欧百里香和牛至香味的牧羊人的屁、老妇的屁、面包师的屁、陶器匠的屁、裁缝带着杏味的屁、地理学家的屁、温柔或粗暴的戴绿帽子的丈夫的屁。也许余赫多军校教师的工作可以说明为何他的作品中总以兵营生活闹剧为创作灵感?20世纪初,外号为"放屁狂人"(le Pétomane,意为"放屁狂人")的约瑟夫·普耶尔(Joseph Pujol)可以用"肠风"弹奏曲子《在明亮的月光下》(*Au clair de la lune*),也可以凭借"肠风"从远处吹灭台上的灯光。他的"蓬巴杜剧场"(Théâtre Pompadour)在红磨坊和整个法国都很受欢

---

① Pierre-Thomas Hurtault, *L'Art de péter*, En Westphalie [Paris], Chez Florent-Q, rue Pet-en-Gueule, au Soufflet, 1775, p. 81 – 82, 100, 111 – 120.

迎，而蓬巴杜侯爵夫人本人应该也不会如此受人敬重。普耶尔的表演甚至吸引了一些名人前来观看，其中包括威尔士亲王和弗洛伊德。令弗洛伊德好奇的是，为什么人们会觉得如此不受压抑的肛门那么好笑。

灵巧的发明家们曾关心过这个问题。诸如"著名的机械师"凡科罗（M. de Venclos）1785年的发明，也许不单单是个玩笑。[①]他想为放屁的个人做一个弱音器。这样屁"发出的就不是沉闷、令人不适的声音，而是八音盒悦耳的声音。它会根据人的不同状态的特点发：'严肃、温柔、轻佻'的音乐"。他没有提到臭味。然而在路易十六时期，排泄物的疫气是保健医生们最关心的东西。路易十六在1777年任命了一个负责研究臭气污染影响的化学家委员会。据记载，当时的掏粪工人非常害怕受到臭气污染。在工业革命时期，资产者强烈压抑（肠胃）胀气，1894年有了在巴黎建造污水直通下水道系统的规定。即便这样，放屁狂人还是把舞台给烧了，直到第一次世界大战前才发生了改变。在此后的一段时期，人们又闭口不谈身体的排泄物。这很可能源于两种共通的现象。第一，源于污水直通下水道的排水系统缓慢的推广，它使得城市人闻到粪便残留的气味或难闻的体味时开始感到不自在。第二，来自道德层面，即强烈的文化激励。清洁卫生的进步导致人们把清洁卫生定义为一种绝对的需要。肮脏和臭味便成了下层社会的同义词，甚至是社会边缘的代名词。自此迎来了一个有利于精神分析的时代，因为上流社会的人们普遍对肛门或尿有所压抑。这为精神分析师们吸引来一大批客人，他们不得不穿越除臭的受难道路。

[①] *Contes immoraux*, *op. cit.*, p. 1254.

近年来，这种平衡已被打破了。从 20 世纪 70 年代开始，与性、身体功能和气味相关的禁忌已经逐渐消失。今天的出版商不再查禁粗俗的话语，也不再用首字母和省略号来代替，不会再像珍本爱好者雅克布对 1861 年出版贝罗那德的《到达的方法》时那样做了。让马力·比盖（Jean-Marie Bigard）这样的幽默作家运用粪便文学的风格来逗笑读者或电视观众时不再感到担心了。科学让我们更加确信（腹部）胀气的普世性和无害性。马克昂德·比盖（Marc-André Bigard）教授、南希区域大学医院中心的肠胃病学家认为，"完全没有胃肠道气体的人不存在，他们只不过会把屁忍住，直到坐上马桶才释放而已"。另外，只有黄色的衍生物气味才难闻。因为 99% 的粪便散发的气体是没有气味的。[①] 呼吸吧！

[①] 马克昂德·比盖（教授），2011 年 8 月 18 日的采访，在《赶走屁？不可能完成的任务……》中重新制作，《日常健康信息》网站，destinationsante. com（2017 年 1 月 30 日浏览）。

第四章

女性的气味

为什么女性比男性更喜爱香水？诗人们也许会说这是因为她们更细腻、更敏感、更灵动。但在欧洲文明中，这个主要原因还是文化性和社会性的。自两三千年以来，女性被指摘气味比男性难闻。尽管这样的推断在当今社会里已经慢慢淡化或更加隐晦了，因为它在我们的世界里听起来像是一种严重的性别歧视侮辱，但它仍然悄悄存在。只不过没有人说出这潜在的想法。

上一章说明了16世纪时两性都没有对肛门的压抑。人在童年时学习对潜在有害或危险的东西感到羞耻和恐惧，这个（学习的）过程所凭借的并不是这种（肛门压抑的）机制，而是依靠（制造）对女性身体的恐惧。为了尽可能地限制对男性的诱惑，更重要的是为了激励女孩们在处理他们性别的强大力量时变得更加智慧，她们不仅学会了压抑自己的感官欲望，这种欲望在当时的男性权力中被定义为不可满足的，而且还要让她们认为自己具有一种普遍的危险性。这一观点源自古代。在公元1世纪时，老普林尼（Pline l'Ancien）将女性描述为"末日的骑士"，每个月都会在她们经过时撒下灾难。

第四章 女性的气味

我们真的很难找到和经血一样有害的东西。一个月经来潮的女性若靠近甘甜的酒会使它变酸，碰到谷物会使它贫瘠，碰到接芽会使它死亡，碰到花园的苗圃会把它烧毁；她们若倚树而坐，树上的果子就会掉落；她们的目光会使光滑的镜子失去光泽，腐蚀利刃和象牙的光彩；蜜蜂会在蜂巢中死去，青铜和铁会马上生锈，散发一股臭味；狗闻到经血会发狂，经血污染过的人则会中无药可医的毒。①

女性身上笼罩着一股令人不安的气息，她们天生臭味扑鼻，月经来潮时就变得更加难闻。自古希腊以来，这一思想确保了男性对女性的控制，使她们沦落为取悦主人、为主人生育的存在。女性的气味具有男性的气味所不具有的双重性：它既强烈地吸引男性，在女性月经、疾病、年老时又受到男性更强烈的排斥。这个生物是如此独特的混合体，既能发出情爱的信号又能引发对死亡的恐惧。1924年，弗洛伊德的弟子心理分析师桑多尔·费伦齐（Sándor Ferenczi）在《海洋》（Thalassa）中曾声称，男性与女性交配是因为女性的性器官散发着腌鲱鱼的味道，他们试图回归原初海洋？② 这一伪科学的表述无非是西方想象中对阴道气味的负面定义的延续，将其与鱼的气味相提并论。法语的俗语仍保留这种痕迹：称妓女为"鳕鱼"（morue）；而其皮条客为"鲭鱼老板"（maquereau）。

---

① Pline l'Ancien, *Histoire naturelle*, livre VII, chap. 28, 23.
② 引自 Diane Ackerman, *A Natural History of the Senses*, New York, Random House, 1990, p. 21 (Sándor Ferenczi, *Thalassa. Psychanalyse des origines de la vie sexuelle*, Paris, Payot, 2002).

这个现象在十六、十七世纪加剧了，医生们断言，女性的气味比男性更臭，这并没有阻止男性对她们的欲望，对月经的恐惧加剧。尽管年老的女性不再有月经，但是她们被指控散出一种可怕的臭气，接近于魔鬼的气味，这也解释了为什么集体恐惧集中在女巫身上，要把她们送去火刑。至于那些试图用香水来掩盖自己被认为恶心的气味的女性，就会遭到神职人员的猛烈抨击，指责她们亵渎神圣的秩序来诱惑男性。人们加剧了对女性气味的禁忌，使得这种女性的魔鬼形象比以前更加突出。她们深信自己的劣势，为自己的天性而感到耻辱，她们所经历的是欧洲历史上最反对女性解放的时期之一。

女性气味的魔鬼化

荷兰泽兰的医生列维努斯·列姆尼努斯（Levinus Lemnius, 1505—1568年）在1559年出版了一本拉丁语著作，在全欧洲广为流传，被翻译成好几种语言。他在书中写道："女性的排泄物很多，月经使她们气味难闻，并使一切东西恶化，破坏它们天然的特性和力量。"他也像老普林尼那样认为，接触到经血会使花朵、水果破败，使象牙失去光泽，使铁不再锋利，使狗发狂。继亨利·科尔耐耶·阿格里帕（Henri-Corneille Agrippa）之后，列姆尼努斯在经血的一系列损害中补充了：使加热的亚麻布发黑、使母马流产、使母驴不育，甚至导致更普遍的不孕现象；另外，被经血弄脏的床单烧成了灰也能使大红色衣料或花朵褪色。不过，列姆尼努斯的想法更过分，他想表示女性的气味是有毒的。他把古代的体液理论加以夸张，声称毒性来自女性（身体）特有的寒冷和潮湿，而"男性（身体）天然的热量轻盈、柔软、馥郁，几乎浸透了香气"。他补充道,靠近女人这般令人作呕的生物会干枯、变脏、使肉豆蔻壳变黑;红珊瑚碰到女性会变暗淡,而男性佩戴它则会使它变得更红。[①]

在他的自然观中,男性和女性是完全对立的。这个观念应该被严肃对待,因为这本书在国际上获得了众多好评,也因为作者的观点与当时医学界的观点一致。它使女性产生了一种耻辱感。书中说,女性在溺水的时候(因为羞耻)面朝水漂浮;而男性则相反,他们总是背部朝水面、面向天空。这是宗教和道德所感知到的两性差异:男性、体热、光、上帝之间建立了一种暗含关系;而女性与潮湿及寒冷相关,她被地下所吸引——对当时的人来说,地下面有地狱。古代的体液理论被基督教化后,用来强调(两性)原始的二元对立以及女性与罪恶的特殊关系。

这个思想也在这本书的其他篇章中被明确重述。列姆尼努斯写道,有罪的通奸夫妇们"从来不戴宝石,不论它们多么漂亮、光洁。因为宝石会吸引女性发臭的身体犯下罪恶,她们释放的毒液会污染宝石,就像遭受月经折磨的女性会把一面干净、光滑的镜子弄脏、弄坏"。男性的香气也会被肉欲的罪恶腐蚀,变成使宝石失去光泽的恶臭气味。此处明显暗含一种传染理论的观点——接触腥臊味的身体会导致有毒气体的产生。情妇的罪身会感染她的情人,催生他体内的有毒液体,污染最纯净的东西。文艺复兴时期的学者和诗人都认为,身体的小宇宙通过看不见的线与整个神的创造相连。因此,本就让不安的女性体质在月经期间对周围环境构成更大的威

---

① Levinus Lemnius, *Les Occultes Merveilles et secretz de nature*, Paris, Galiot du Pré, 1574, f° 155 r°, 166 v°.

胁，这就是完全禁止这段时期有性生活的原因。①

我们在下一章中会谈到，恶臭、腐臭、疫气是传染医学学说中典型的元素，象征着魔鬼。列姆尼努斯写道，污物和腐败的物质常常会滋长老鼠、睡鼠、鳗、七鳃鳗、蜗牛、鼻涕虫、蠕虫。同样，蜗牛、雄蜂、胡蜂会从牛的粪便中生长出来，苍蝇会一代代滋生。一个世纪以后，德国的耶稣会会士阿塔纳斯·基歇尔（Athanase Kircher，1602—1680年）声称从这些腐烂的物质或排泄物里可以生出蛇和青蛙。不过依据那个时代的思想，从中长出的生物加强了魔鬼世界和女性世界之间的联系。其中许多生物，尤其是蜗牛和鼻涕虫进入了当时女性的美容和健康秘方。它们都被认为是地狱里的常客。为此，敢于描绘巫婆及巫魔夜会的艺术家们经常会在画中表现这些生物。

列姆尼努斯的思想在16世纪下半叶的有识之士中找到了肥沃的土壤，当时，伊拉斯谟和拉伯雷的乐观人文主义逐渐被伪善的人文主义取代。他的思想被诸如基督教的教育机构传播，建立在一个悲剧性概念之上——罪恶的人被上帝这位疾恶如仇者镇压。这个概念使古代不信教的经典作品遭受新的怀疑，从此以后这些作品在教学中被精心地剔除了。在这个思想框架下，两性（二元对立）的看法被夸大化了，正如基督教中永远对立的善恶较量。男性加入了神的行列，而女性，如果没有完全被一位男性权威（父亲、丈夫、兄弟）控制的话，则会听命于撒旦。这就很容易解释为何对女性的监视越来越多：它把男性的控制构想成女性得救的必需条件，避免

---

① Levinus Lemnius, *Les Occultes Merveilles et secretz de nature*, Paris, Galiot du Pré, 1574, f° 33 r°.

她们的操行无可救药落入撒旦的摆布。① 医生们制造了一套话语来阐释她们"天生的"低等,按照当时的话来说,这是上帝的意愿。他们巧妙地把女性监禁在对自己身体的恐惧之中,她是所有的危险之源。许多作家也延续了医生们对女性的诊断。

短篇故事作者、神秘的肖利耶大人(seigneur de Cholières)在他的创作中引用了很多人文主义的典故,尤其是医学及来源于教会的道德思考。他在1585年出版的《上午》(Matinées)中,用了比他的同人更具批判性及说教性的口吻谈论女性。很可能他在写作时隐藏了自己的真实身份。人们猜测在他笔名背后的真实身份是一位名叫让·达戈诺(Jean Dagoneau)的资深新教徒,他于1623年去世前,是(法国索姆省)阿布维尔的一位修道院院长。他生前写了一些关于撒旦的陷阱、肉体和世界的思考。这部于1585年出版的作品中的一些思想似乎证实了他的身份。比如作者在书中建议,为了活得更久应该戒掉性交。女性对健康很有害,因为"她们火炉的烈火"会烧干她们可怜的情人。他用近乎说教的语言谈论女性"不知羞耻的深渊和泥沼"。他还提醒男性:他们是"女性的首脑"。肖利耶大人指责一位妻子把她的丈夫"变成了一头公山羊"时,采用了一个恶魔形象:在巫魔夜会中,一只长角的动物不仅奇臭无比而且淫荡不堪,完全是撒旦的化身。在"夫妻间的停息"这一章中,他控诉月经是"红色、黏腻的树脂"。他进一步说明时还引用了许多老普林尼对月经的讽刺:"连空气都被感染了"。为

---

① Sara Matthews-Grieco, *Ange ou diablesse. La représentation de la femme au XVIe siècle*, Paris, Flammarion, 1991.

了避免"这种有毒的血液",他补充了一些必要的建议:每个月停止8天性交,这样每年就避免了96天的"玩弹子游戏"。这的确像一个严格的基督徒的见解。此外,还要扣除母亲母乳阶段约两年的嬉戏时间,因为交配中的摇晃"会让经血恢复",经血的气味会使乳汁变质:"可怜的男人,您搅浑了乳汁!"① 他补充说,宗教法规也同样禁止(哺乳期间)性交。他忘了补充的是,教堂还主张丈夫在漫长的斋戒和圣诞前夕禁欲。他在1587年出版的《晚饭以后》(Après Disnées)中延续了反女权的言论,他说女性唠叨是因为她们的脑子是潮湿的。"闲言碎语对她们清洗大脑、清除她们习以为常的坏液体还是很有帮助的。如果有液体残留,可能会使她们中魔。"② 因此,那些沉默的人的脑子里很可能有魔鬼!

对经期性交的禁忌总体来说有所加强,即便大多数人也许没有遵守颁布的行为准则。总之,医生们会毫不犹豫地使用恐惧来强化这种禁忌。1585年,让·利埃博(Jean Liébault)提了个醒:他有些同人害怕打破禁忌的人会生出有麻风病的孩子,他自己也认为这些后代会像怪物一样。③ 可以肯定的是,女性的臭味成为医学中常见的问题,因为很多药物是针对它的。国王的医生让·德·勒努(Jean de Renou)推出了一些用于"保健或舒适"的香味混合物,需要在炉子里煮。他开了一个易于制作的方子给贵妇们在生病(第一天)时服用:取橙子皮、柠檬、丁香花蕾、桂皮

---

① Cholières, *Les Neuf matinées du seigneur de Cholières*, Paris, Jean Richer, 1585, p. 118 – 119, 168, 180, 195, 240, 242, 245.

② Cholières, *Les Après Disnées du seigneur de Cholières*, Paris, Jean Richer, 1587, p. 203.

③ Jean Liébault, *Thrésor des remèdes secrets pour les maladies des femmes*, Paris, Jacques du Puys, 1585, p. 548.

粉、麝香,以及其他与粉末类似的物体稀释于玫瑰水中,放入香炉内用明火烧煮,用这个药物的香气来驱散女性下体的臭味。另外,他还建议每个部位用相应的药物处理:"普里阿普斯一样(丰腴的)的女性器官要用阴道隔膜,圆柱形的肛门用栓剂。"①至于女性的臭味,路易·居永医生(Louis Guyon)认为有两种方法可以对付它。要么用"臭草",比如臭藜或芸香,从而固定错位的子宫(按拉伯雷的说法)。要么相反地,用芳香的气味或香料对子宫起到同样的效果,比如宽叶薰衣草油或者甜味的杏仁,以及麝猫香或麝香粒,把它们涂在助产士的手指上,把它放在尽可能深的地方。②

女士气味不佳的时期

十六、十七世纪的(欧洲)文化中常有对女性臭味的想象。艺术家们表现嗅觉时常用影射的方法。《生活的乐趣》(*Les plaisics de la vie*)这幅匿名的版画通过一位贵族女性的形象来描绘气味,根据画中的服饰可判断它是17世纪的作品。(画中)这位年轻体面的女性坐在桌前,左手拿着一枝玫瑰,左手袖子里躲藏着一只非常小的狗。当时优雅的女士们会把小狗放在她们的皮手笼中。这幅画显然在影射女性腋窝的体味。③ 狗是人最好的朋友,以无可匹敌的嗅觉

---

① J. de Renou, *Les Œuvres pharmaceutiques du sr Jean de Renou … augmentées d'un tiers en cette seconde édition par l'auteur; puis traduites, embellies de plusieurs figures nécessaires à la cognoissance de la médecine et pharmacie, et mises en lumière par M. Louys de Serres*, Lyon, N. Gay, 1637, p. 113, 191.

② Loys Guyon, *Le Miroir de la beauté et santé corporelle*, Lyon, Claude Prost, 1643, t. 1, p. 725 - 726.

③ BNF, Estampes, OA 22, bobine Mœurs, M 142 280, «Les plaisirs de la vie».

著称,在描绘嗅觉的绘画中,狗常常与女性形象联系在一起。切萨雷·里帕(Cesare Ripa)于 1593 年在罗马出版的著名的《图像学》(*Iconologie*)闻名全欧洲,在 1643 年被翻译成法语。他在这本书中向艺术家提供了一个原型:一位站着的女士手拿插着花的花瓶,身边有一只狗。亚伯拉罕·博斯(Abraham Bosse)在 1638 年创作的一幅铜版画明显受此启发,他在画中的女士手里加上了一支烟斗。16 世纪末起,另一些画家偏爱表现这样一对情侣:小姐闻着一朵玫瑰,或让她的伴侣闻玫瑰,而狗的鼻子在她的腰部下方位置,那里放着一篮花。① 在这诗意的外表下隐藏了作品的真实含义:如让·德·勒努所言,没有什么比女性的生殖器更臭的了。荷兰的版画家克里斯宾·凡·德·帕斯(Crispin Van de Passe)画了一个更加残忍的版本。一个戴花边小颈圈的时尚、年轻姑娘左手拿着一朵花,在她的两只手臂当中有一只小狗靠在她的胸前。她右边有一个戴皱领的体面男人,向她投去挖苦的眼神,不加掩饰地捂住鼻子。② 通过一对情侣的形象来表现气味,这种新的表现方式既强调了色情的部分,同时又提醒观众,尤其是男性观众要抵抗如此难闻、罪恶的生物的肉体引诱。

一位十分高雅的意大利年轻教士塞巴斯蒂安·罗卡代利(Sébastien Locatelli)谈到他在 1665 年 5 月 14 日在法国勃艮第索略

---

① 法国国家图书馆版画收藏,热雷米亚,版画《气味》,17 世纪,收藏编号 QB - 201(46)- FOL。同样参见 Jan Pieterszoon Saenredam 及 Crispin Van de Passe 的作品(与上文评述的版本不同),以及 16 世纪初的一幅佚名版画,引自奥雷莉·比尼耶克、罗贝尔·穆申布莱(指导老师):《16 与 17 世纪的气味与芳香》,第 194—198 页。

② Sylvia Ferino-Pagden (éd.), *I cinque sensi nell'arte. Immagini del sentire*, Centro culturale «Città di Cremona» in San Maria della Pietà, Leonardo Arte, 1996, p. 220 - 221.这本著作中有包括 Ripa 对气味的表现,来自荷兰的有烟斗的男人。

(Saulieu) 旅行途中的嗅觉体验：

> 我们去看待嫁的姑娘们跳舞，按照习俗，节日里每天如此。她们跳第一支舞的时候响起了响亮的短笛声，不过她们手臂上的风笛声吹得更响！[……] 这个有趣的表演远观比近看更好，因为一股恶臭扫了节日的兴致。[……] 菲力坡尼（Filipponi）是个性格爽朗的男人，他开始跳一支需要时而互相亲吻的舞蹈；因为我们（跳舞时）轮番换手、换舞伴，他在舞蹈结束时已亲吻了所有在那跳舞的女人。但我敢肯定，这件美事被恶心的感觉搅和了。因为要待在一百多个女人中间需要很大的勇气。①

我们看到，罗卡代利谈到女性的臭味时没有明确提及男性的臭味。另外，他把自己的感受说成是他同伴的感受。虽然他很好地内化了不靠近魔鬼般诱人的女色的要求，但他的同伴拥抱所有的姑娘，快乐地呼吸着她们私密的气味，全然不讨厌。罗卡代利这位世俗教士对女性的看法使这一场景跃然纸上，在作品中是这样表达的："男人为外表的美貌失去理智，这美貌消逝得如闪电一般，只留下臭味和污染。一旦烟消云散，只感到爱过她的痛苦和懊悔。"罗卡代利的厌恶来自严格的气味教育，以至于他把所有女性的气味都当作一种危险的信号。而从前，女性的气味是一种强烈的性吸引力，让菲力坡尼总为之动摇。

---

① Sébastien Locatelli, *Voyage de France. Mœurs et coutumes françaises* (1664 – 1665), trad. par Adolphe Vautier, Paris, Alphonse Picard et fils, 1905, p. 19, 240.

保持距离

十六、十七世纪时，人的下体被大大妖魔化了。风俗的文明化过程促使"羞耻部位"变成了身体的地狱，也使（人体的）排泄功能变成了动物的征兆，从此人出于羞耻之心要将这全部隐藏起来。这一双重否定为的是改变人对自己的感受：由于人们越来越关注关于无所不在的撒旦偷取灵魂的各种说法，人被要求压抑自己的动物性、限制自己的肉欲，以此缓解恐慌。

在人们受到与日俱增的道德礼教的折磨的时期，出现了越来越多的关于礼仪的著作，它们教人们一些妥帖的方法和习惯动作。这类著作主张使用器皿或手套来与外物保持距离，培养了人们对身体的厌恶之情。它们教导人们在餐桌上为宾客上菜时，避免肢体接触，与邻座保持距离，不用手直接摆弄食物，禁止肢体的杂乱。安托万·德·库尔唐（Antoine de Courtin）在1671年出版的作品《法国上流社会有教养人士常用礼仪新条约》（*Nouveau traité de la civilité qui se pratique en France parmi les honnêtes gens*）是当时最著名的作品之一。它禁止不纯洁的接触：不能把手肘放在桌子上；不能用手指去拿油的食物、像动物一样舔食、吹食物上的灰、擤鼻涕、挠痒或当众吐痰，这些都是失礼的行为。同时，它还禁止在有人陪同时释放体液或气味。比如鬼脸、卷舌头、咬嘴唇、耸肩、放声大笑、嘴对嘴说话、"对着别人吐痰"，或"经常向他们呼气"。① 应该扩大每个人安全、私密的界限，这样既可以避免任何触碰，不论下流

---

① R. Muchembled, *L'Invention de l'homme moderne*, op. cit., p. 242 – 248.

与否，还可以避免自己的呼吸蓄意地污染对话者。

最后一点又回到气味的性吸引力的问题上。较之男性，女性的身体更常被妖魔化。罗卡代利的故事正体现了这一点。他还暗示，虽然医生或艺术家强调女性散发的臭味，但她们的气味还是让男性着迷。现代医学认为，男性释放的迷人物质比女性多50倍。但这些物质是以腋部类固醇的形式存在，而非以信息素的形式，人体中是否存在信息素还未被证实。在这个方面，男性汗水中含有的雄甾烯酮（类似于睾酮）——其臭味让人想起尿的味道——似乎是对女性唯一起作用的物质。女性在排卵期间，即使闻到淡淡的男性汗味，她们的确都有正面的感受。① 所以女性才是惊叫"别洗澡，我就来！"的人，而不是亨利四世或拿破仑——人们轻易地认为这句话是他们说的。这种用来吸引女孩的物质如今被制成浓缩产品在商店出售，它在美国尤其大有市场。可惜的是顾客反映它的效果不佳，甚至让人失望。这使一种共识不攻自破：每个男人身上都潜伏着一只猪，因为公猪释放的雄甾烯酮是一种强大的色情信号。不如吃一点含有雄甾烯酮的芹菜？

在近年来全面除臭的趋势产生以前，嗅觉在十六、十七世纪经历了第一场巨大的变化，导致了人们对女性气味，包括女性使用的香水或化妆品的妖魔化。它没有任何现代所谓的生物根基，而仅仅是由男性权威对女性总体的贬低造成的：知识分子、医生、宗教人士和政客共同塑造了这种眼光。这些多重压力引发了一种对女性身体

---

① Patricia Nagnan-Le Meillour, «Les phéromones: vertébrés et invertébrés», dans Roland Salesse, Rémi Gervais (dir.), *Odorat et goût. De la neurobiologie des sens chimiques aux applications*, Versailles, Éditions Quæ, 2012, p. 39.

的畏惧，甚至让男性惊恐。肖利耶重述一位教堂的神父圣让·克里索托姆（Jean Chrysostome）对女性的定义以概括他们的烦扰："被善的颜色所掩盖的恶之本性。"① 除此以外，让·德·布瓦西耶（Jean de Boyssières）虽然写了一些爱情诗歌，但他在宗教诗歌《女性的脾气》（*Humeurs de la femme*）中公开表露自己对女性的极度厌恶，许多与他同时代的作者对此有相同的看法。

> 地狱里燃起恐怖的狂暴。
> 黏稠的蛇、毒汁四溅的游蛇。
> 丑陋、恶心的癞蛤蟆、腐臭的草。
> 藏污纳垢的地方、散发鼠疫的味道。
> 寒冷的毒芹中有女人最爱的毒药。
> 让男人沉沦的唯一始作俑者。②

没有什么比这更好地证明了气味完全受文化现象所制约，而这些文化现象又与具体的历史进程相关。文艺复兴晚期的男人学会像害怕魔鬼一样害怕女性散发的一切气味，以至于蒙田希望女性们没有气味。③

使女性产生罪恶感

女性被当成了人类被诅咒的部分，只能感到耻辱，起码感到了

---

① Cholières, *Les Après Disnées*, *op. cit.*, p. 73.
② 引自 Fernand Fleuret et Louis Perceau, *Les Satires françaises du XVIe siècle*, Paris, Garnier frères, 1922, t. 1, p. 246 *sq*.
③ Montaigne, *Essais*, livre I, chap. 55, «Des senteurs».

强烈的不适。人们教导她们隐藏自己会招致不幸的身体,当心自己的性冲动。女性的肉体罪孽中最常见的有淫乱(婚外性关系)、卖淫以及通奸。从前宗教审判庭宽容地处置这些罪孽,但在 1557 年皇家法令重申婚姻的神圣性之后,它们在法国逐渐变成了受处罚的范围。不过在 16 世纪后 25 年间,巴黎最高法院的众多上诉中每年只受理了 12 起左右淫乱罪的申诉,数量之少说明了惩罚力量之薄弱。1557 年颁布的另一项法令把向当局隐瞒婚外怀孕的行为变成了刑事犯罪,它的惩戒力度则全然不同。① 若通过堕胎、弑婴,甚至仅仅意外导致自己的孩子死亡,孩子的母亲都要被判死刑。从 1575 年到 1604 年,494 个犯人出于这个原因被地方法庭判处死刑,并因此上诉至巴黎高等法院进行最终宣判。经过最终定罪,其中 299 人,即 60%,被执行死刑,通常被施以绞刑。也就是说,在所有罪行中,受到绞刑酷刑的三分之二以上的人(这 299 人)犯的是隐瞒婚外怀孕而致婴儿死亡的罪行。与此同时,234 人被指控为巫婆的女性中只有 40 人(17%)最终被送去了柴堆火刑。从 1557 年开始实行的这项法律极具性别歧视的特征,它惩罚年轻、易受责难的女子,特别是与主人发生关系致孕的女仆以及寡妇。这项法令的目标不仅是禁止堕胎或杀害婴儿,还要禁止任何婚姻关系之外的性行为。100 多场骇人的当众行刑表明,当权机关决意用最严格的规定来处置违反禁令的人,这为意外身孕的焦虑更增添了恐怖,而那个时代不存在任何有效的避孕措施。法官如此判定最恶劣的女性罪

---

① Robert Muchembled, «Fils de Caïn, enfants de Médée: homicide et infanticide devant le parlement de Paris, 1575 – 1604», *Annales Histoire, Sciences sociales*, t. 62, 2007, p. 1063 – 1094.

行。他们以及那个时代的男性都认为,一个女人只有结了婚才能合法地生育,因为女性的身体不属于她自己。她以上帝之名给了孩子生命,如果她杀死了这孩子,这只能是讨好魔鬼的举动。在整个旧制度时代都实行这条恐怖的法令,不过从 18 世纪开始所有法院对此宽容了一些。

在法王亨利二世(Henri II)到路易十三统治期间,禁止婚外性行为成为宗教、政治和法律的首要事务。一些违反者被残忍地当众处决,杀鸡儆猴。对他们当众行刑、展示他们的懊悔,其目的在于教化民众,使庄严的规范更加深入人心。1603 年 12 月 2 日,玛格丽特(Marguerite)和于连·德·哈瓦雷·德·图尔拉维尔(Julien de Ravalet de Tourlaville),一对诺曼底的年轻贵族兄妹,当时分别为 17 岁和 21 岁,在巴黎的格列弗广场被杀头。玛格丽特与于连犯了乱伦罪,她生了一个女儿。由于她与一位年长的男性已结了婚,侵犯了婚姻而加重了罪行。专栏作家皮埃尔·德·莱斯图勒(Pierre de l'Estoile)审慎地评论他们的结局,补充说他们的父亲下跪向国王求饶,差点就得到了他的饶恕,但是女王认为罪行过于恐怖,反对饶恕他们。一份小报在 1604 年残忍地揭露了他们"恶毒的言行"。1613 年,弗朗斯瓦·德·罗塞(François de Rosset)据此写了他的《悲剧的故事》(*Histoires tragiques*)中最著名的故事。他写道:"我们的时代是比其他所有世纪都藏污纳垢的时期",然而"上帝不会让任何事情逍遥法外"。他把这对兄妹最后的时刻的故事变得戏剧化,让玛格丽特表达后悔:"主啊,我们造了孽……。原谅我们伤风败俗……,就像你爱人类那样,人的缺陷从他们母亲的肚子里就已经被赋予了。"他肯定所有的在场者,包括刽子手在内，无不痛哭流涕。然而他写的与官方口供中陈述的真相相差甚远。宣布判决的时候，他们两个人都宣称自己是无辜的。玛格丽特确信地说："一个糟糕的丈夫是她不幸的原因！"然后要求给她一位听忏悔的神父。于连表现得很傲慢，他明确表示他不怕死。他们父亲的密使劝告他们那时候要"耐心地"忍受惩罚。玛格丽特请求他父母和兄弟姐妹的原谅，然后表示她也一样不怕死，"但愿自己能去天堂"。刑事书记官和听忏悔的神父对此不满，因为他们非要这对兄妹承认自己应得这酷刑，并且向造物主请求原谅以及公正。在压力之下，最后玛格丽特和于连先后都说出了人们所期待的话。玛格丽特这时看上去泪流满面，祈求上帝并亲吻大地。在他们到达处决的地方时，她对于连说："我的哥哥，勇敢一点！在上帝面前得到宽慰！我们应受到死刑的处罚。"她先被砍头。然后于连没有说话默默承受了他的结局，并拒绝被绑住眼睛。[①] 她没有像罗塞所想象的那样警戒地表达懊悔之情，仅说了支持他哥哥的话，表达了她的责任。而他则坚决保持沉默，拒绝承认他的错误。这种区别很可能源于人们对两性认识的显著差异，男性受到的犯罪感的压力并没有女性那么强烈。

在当时，许多道德家和偏执的布道者都要求用最严厉的方式处置那些他们所谓不守贞操之人。1570年，隶属于文森圣母院（Notre-Dame de Vincennes）的圣方济各修会的会士安托万·艾斯蒂安（Antoine Estienne）出版了《对法国女士、小姐放荡着装的善意忠告》（*Remonstance charitable aux dames et damoyselles de France sur leurs*

---

① Robert Muchembled, *Passions de femmes au temps de la reine Margot, 1553 – 1615*, Paris, Seuil, 2003, p. 221 – 234.

ornemens dissolus）。这个作品大获成功，在 1585 年出版了 4 次，表达了教士对女性的普遍仇视。新鲜的是，一大批世俗人士加入了读者群，他们能读通俗的语言，并且主要是男性。这本书表面上是写给女性的，实则在告诫男性哪些是要禁止他们的伴侣做的行为，其论证的关键就是对死亡和魔鬼的恐惧。他提醒说，任何肉体都只不过是"发臭的肥料"，但是这不能成为女士们掩盖自己天性的理由。相反，他强烈地指责她们打扮放荡，尤其指责穿着大领口打褶颈圈的衣服（浆过的圆褶，就像绕着脖子的打褶颈圈），以及佩戴黑色的面具。因为前一种装扮露出皮肤，后一种隐藏了下流的性勾当。他更加怒斥女性戴假发的时尚，说用已故的人的头发来装饰头会很脏，会让佩戴者生头癣或麻风病。不过，他又觉得放荡的女人露出她们浓密的头发很不检点：作为"她们丈夫的附属品"，应该学着自我克制。这个古老的禁忌一直延续到 20 世纪：要遮住女性的头发，因为它们带有性、视觉和气味的信息。七星诗社的诗人就明确提及女人们在头发上洒上迷人的香味，施展魅力。艾斯蒂安修士痛斥那些使用气味手段的女人，尤其谴责使用麝香和苹果的气味。妖艳的女人化了妆也不见得就更标致，因为"脂粉就是女人不忠贞的标记"[①]。

　　风雅女性照镜子、涂香水、抹脂粉，这些行为都会使魔鬼进入她嗜好肉欲的身体中，如所有女性的天性一般。因此，过度使用香味会打开地狱之门。在西班牙帝国统治下的尼德兰，方济各会的修

[①] F. A. E. [Frère Antoine Estienne], *Remonstance charitable aux dames et damoyselles de France sur leurs ornemens dissolus*, Paris, Sébastien Nivelle, 4e éd. 1585, p. 5, 8, 11, 14, 20 – 21（1570 年的印书特许权）。

士菲利普·博斯盖（Philippe Bosquier）在1589年在蒙斯（Mons）出版了一个悲剧诗，副标题为《尘世装饰的小剃刀》（*Petit Razoir des ornemens mondains*）。在这首诗中，可怕的上帝、要报仇的基督愤怒地揭发了一些不合格的信徒。基督欢呼道："我手中有鼠疫、饥饿和战争，我还可以把它们投向人类。"诗中尤其痛斥了那些涂脂抹粉和香水、穿戴最流行的服装的女孩的品德，因为她们煽动可怜的男孩们犯下肉体的罪恶：

> 要想更好地抓住恋爱的青春，
> 就要涂上绯红和铅白的脂粉，
> 就要换上天真的颜色，
> 女孩最好在迎接我时身上充满香味。
> 她们穿上麝香味的衣服就有了香脂味，
> 她们手上散发甜甜的苹果香。
> 我的鼻子不想忍受这些气味，
> 我的眼睛被她们的五光十色所迷惑，
> 我不想忍受这种空洞的轻佻，
> 它只会激起欲望之火，
> 它让盲目的年轻人像一头年幼的公牛不得不追着她们跑。[①]

在法王亨利三世、亨利四世及路易十三的统治期间，女性的放

---

① Philippe Bosquier, *Tragoedie nouvelle dicte Le Petit Razoir des ornemens mondains, en laquelle toutes les misères de nostre temps sont attribuées tant aux hérésies qu'aux ornemens superflus du corps*, Mons, Charles Michel, 1589 (Genève, Slatkine Reprints, 1970, p. 50–52).

荡行为遭到了猛烈的抨击。1563年特伦托教公大会之后，不论天主教还是新教改革派，都将女性视作淫荡罪最普遍的攻击对象之一。加尔文派的神学家朗贝尔·达诺（Lambert Daneau）在1564年写了一本关于消灭巫术的书，在1579年出版的《舞蹈条约》中编造了一个诱惑别人发生肉体关系的魔鬼形象。① 菲利普二世（Philippe II）国王在这本书出版后不久禁止了在西班牙帝国统治下的尼德兰跳舞这项娱乐活动，并处以罚款。这两项措施是否成功地实施了，这仍值得怀疑。但在道德上，人们更有意在会出汗或引起欲望的活动中保持两性的身体距离。医生们紧跟宗教风纪检察官的脚步，提示男性沉迷于性事会危害男性健康，使之能够望而却步：与欲壑难填的女性伴侣交欢时会减弱男性的体热。因此，安布鲁瓦兹·帕雷（Ambroise Paré）医生在1568年建议，人们如果想预防传染病，应该避免任何性交。因为"维纳斯女士是真正的瘟疫"，她削弱男性的力量。② 同样，一个杀人犯在当时如果声称死者并不是受伤致死，而是因为不具备克制自己性欲的智慧以至精力枯竭而死，他就很容易得到宽恕。路易·居永（Louis Guyon）医生在1604年出版的《多种教训》（*Diverses lesons*）中揭露了一些淫荡、私密的勾当：

> "如今这些气味都被用于卑鄙的目的"，他哀叹道，"人们不仅在衣服和头发上涂香水，而且很多人用它来提高兴致。"还有一些人去做祷告时也涂香水，这并不是为了在祷告时使

---

① ［Lambert Daneau］, *Traité des danses*, ［Genève, François Estienne］, 1579.
② A. Paré, *op. cit.*, p. 48.

用，而是仅仅出于虚荣，为了吸引人共浴爱河，让人更加愉悦。但是，教堂里的神坛上只施价值不过两三苏钱少许乳香。①

他明确表示他并不完全排斥香水，因为香水可以对于制作一些药剂是有用的，他只是建议不要滥用它。

法国康布雷（Cambrai）地区的教士让·波尔曼（Jean Polman）在1635年出版了《祸害，或曰女性的胸罩》（*Le Chance, ou couvre-sein féminin*）。在书中，他想象在这些"象牙的山峰"中嬉戏时，在"污秽的胸部"中有"地狱之口"、撒旦之耳。他在这部作品的第二部分里写道："自然教导姑娘和妇女戴上面纱"，这个观点如今变得不太像基督教的风格。② 同年，巴黎的教士皮埃尔·朱韦那（Pierre Juvernay）提出了《反对当下女性虚荣的具体主张》（*Discours particulier concre la vanité des femmes de ce temps*），同样反对女性在街上、教堂或其他场所袒露胸脯。于维奈认为，如果袒胸露背不被人看到即是轻罪；但如果有人看到甚至被大庭广众看到，那就是重罪，甚至会遭到致命的责罚。③ 在过去，新柏拉图主义的信奉者，例如画家波提切利，对裸体抱有好感。他认为一个美丽的身体只是

---

① Loys Guyon, *Les Diverses leçons*, Lyon, Claude Morillon, 1604, p. 138.
② Jean Polman, *Le Chancre, ou couvre-sein féminin, ensemble le voile, ou couvrechef féminin*, Douai, Gérard Patté, 1635.
③ Pierre Juvernay, *Discours particulier contre la vanité des femmes de ce temps*, Paris, J. Mestais, 1635; 第三版的标题为 *Discours particulier contre les femmes débraillées de ce temps*, Paris, Pierre Le Mur, 1637, p. 56—57, 65—66, 86—87; 以及 *Discours particulier contre les filles et femmes mondaines découvrans leur sein et portant des moustaches* [longues mèches de cheveux pendant le long des joues], Paris, Jérémie Bouillerot, 1640, p. 87.

妥藏了一个美丽的灵魂。如今，裸体的含义发生了深刻的变化。女性的裸体变得下流、具有诱惑性。为了避免起淫念，从16世纪最后10年起，整个欧洲都流行起了西班牙时尚，它使人们把身体的所有部位都遮盖起来了。手上佩戴手套，颈部戴高领或打褶颈圈，头上戴帽或头饰，男女的脸上都涂着厚厚的脂粉。到了这种光景仍让道德家发怒，因为贵族女士们用这些装饰来招蜂引蝶。朱韦那注意到，女性最主要的目的是让自己看起来更漂亮。鉴于最理想的是白皙的脸色，女士们就在脸上涂大量铅白，然后用朱砂粉突出面颊。一些人甚至在脸上点塔夫绸或黑丝绒做的假痣，可以衬托肤色的雪白，来吸引更多的注意。朱韦那觉得这些都是让上流社会的女士们犯下死罪的魔鬼把戏，并断言说她们将在最后的审判中付出代价。在整个17世纪，教士的谴责从未中断过。日后成为路易十四的忏悔神父的克洛德·弗勒里（Claude Fleury）在1682年痛斥不知羞耻的女性的放荡行为，称那些美丽的女人穿着精致的衣服，戴着空洞的装饰品，涂着香水，走起路来样子很不得体。对他来说，她们都不是虔诚的天主教徒。①

博学慎思的法学家奥代·德·蒂尔内布（Odet de Turnèbe，1552—1581年）曾参加过诸如德罗士（Catherine des Roches）女士们的文学沙龙，他在1580年左右写了一出名为《高兴的人们》（Les Contents）的喜剧，剧中人物让人联想到一些具体的女性的诡计：

"我尤其不喜欢涂脂抹粉的女人"，他们其中的一个人说

---

① Claude Fleury, *Mœurs des chrétiens*, Paris, veuve Gervais Clouzier, 1682.

道,"即使她美如海伦①,我也不想拥抱她,而且我很清楚脂粉不过是毒药。"另一个人更加夸张地表示,"这些美白、艳红的脸蛋上的脂粉比威尼斯的面具还要厚,使她们失信于正派人。"他们继续讽刺,第一个人指出化妆品中的成分让人倒胃口:"您认为年轻的男子追求女子是为了知道这些化妆品的口味吗?烧焦的滑石粉、威尼斯的铅白、西班牙的红胭脂、蛋白、朱砂、清漆(发胶)、松子、水银、尿、葡萄水、百合水、耳朵的油脂、明矾、樟脑、硼砂、烟草、阿看草根以及其他与之类似的化学品,女士们用它们来涂脸是否会大大损害她们的健康呢?""而且在她们35岁前,这些东西让她们长的皱纹如旧皮革,抑或没有擦油的旧长靴一样,让她们掉牙齿,让她们的口气像臭虫一般臭。相信我,当我单单想到这些脏东西时,我就绝不想伸出我的嘴。"作品中的女主角看起来很有文化,会演奏音乐。她的美丽"完全不是人们关在盒子里、起床时拿出来的东西,她是自然的",没有任何花招。②

这段话中强调了充满诱惑的女性使用的非自然手段会污染嗅觉、味觉的观念。不过,由于当时时兴的医学观念认为,女性即使不在月经期间也会散发出与生俱来的臭味,女士们很可能根本无法在双重矛盾之中得以自洽。很多女性肯定都认为有理由违反道德禁忌,因为人们对脂粉、香脂、发粉及动物诱人香水的迷恋直到路易

---

① 海伦是古希腊神话中最美的女人,她和特洛伊王子帕里斯私奔,引发了特洛伊战争。——译者注
② Odet de Turnèbe, *Les Contents*, éd. par Norman B. Spector, Paris, Nizet, 1984, p. 33 – 35.

十四世时期都没有中断过。① 而且，医生们也好心地竭力推荐一些对抗女性难闻气味的药物。1637 年，让·德·勒努这样吹捧两种香粉的优点，即被称为塞浦路斯和堇菜（实际上就是佛罗伦萨的鸢尾）的香粉：

> 然而，我们通常把这种粉装在塔夫绸或缎制的小袋子里，恶臭的女人们把它们佩戴于胸口掩盖、减弱她们的瑕疵。除了她们，好几个年轻、善于交际、纵欲的男士也佩戴这种小袋子。其实使用这种粉并不能掩盖他们的健康状况。②

我们很难接触到（当时的人）对体味的色情作用的真实反应。可以肯定的是，它们并不完全符合医学、教士、文学著作中对此的说明，即使这些说明是关于这一主题可以使用的主要原始资料。因为这些描述充满了说教的信息，有时会完全歪曲所观察的现象。比如让·利埃博在 1582 年写道："好闻的汗水显示了体液的极佳温度……。同样，那些气味不好闻的人，比如麻风患者或好色的人，他们的汗水闻起来像公山羊。"③ 也就是说，（身体的）臭味若不是因为疾病引起的体液失调，就是因为纵欲过度。这些理念出自古典医学，没有任何实践基础，但却被当作观测结果介绍给世人。他定义了一种散发宜人气味的男性典范，比如文中提到的亚历山大大帝；而女性的形象却十分模糊，因为她们本就以天生气味难闻著

---

① 见下文第六章。
② J. de Renou, *Les Œuvres pharmaceutiques*, op. cit., p. 190.
③ J. Liébault, *Trois livres*, op. cit., p. 409, 516.

称。不过，让·利埃博提出了许多用于祛除口臭、脚臭、子宫等特别腐臭气味的药剂。

引发情欲的气息

不妨回顾一下此前提到的许多短篇故事，通过故事中对人体需求的关注，来平衡看待上述对女性臭味的负面视角。布兰托姆（Pierre de Bourdeilles，被称为 Brantôme）在《端庄的女士们》（*Vie des dames galantes*）中所表现的贵族女性相对不那么一本正经、更少受压制、更好色。作者去世很久后，这本书才在 1614 年突然出版。[①] 书中还写道："香水会大大激活爱情。"反对这种说法的作品层出不穷，恰恰证明这种说法并没有消失，而是遭到了强烈的抵制。一位抵制此举的道德家的妻子在失去她丈夫后悲伤不已，要是他知道她的所作所为会怎么看？这位妻子把"从前她非常喜欢的（她丈夫的）身体部位切下来，用防腐香料、麝香和熏香处理，使它散发香味，然后把它存放在镀金的银遗骸盒中"悉心保存。布兰托姆承认说他不知道这个故事是否属实。但是国王喜欢这个故事，并把这个故事讲给身边几位关系亲密的人听。他自己的版本中的维纳斯与马尔斯偷情，背叛了武尔坎。这故事也许还传到了亨利四世或之后的拿破仑一世的耳朵里。女神并没有选择最英俊的纨绔子弟，而是一位从战场回来汗流浃背、满脸灰尘的情人。他与她上床时还沾着战场的血，"也就是说没有清洁也没有涂香水"。女性体验到的色情刺激与伴侣的汗水有关，男性却不是这样，这也符合当

[①] Pierre de Bourdeilles, seigneur de Brantôme, *Vie des dames galantes*, d'après l'édition de 1740, Paris, Garnier frères, 1864. Éd. numérique, Project Gutenberg, 无书页。

前的医学认为雄甾烯酮所具有的作用。布兰托姆再次强调:"丑陋、闻起来更像肮脏、调皮的臭公山羊"比那些精致、英俊的男人更能够满足女性过度的淫欲。

　　1611年,马赛发生了一场轰动的刑事诉讼案件。阿库勒(Accoules)的教堂牧师让·高费迪(Jean Gaufridy)最终因巫术被判决火刑。他的《忏悔录》(*Confession*)在普罗旺斯地区以"小报"的方式出版、发行。① 这种印刷刊物成本低廉,在城里的街道上售卖,吸引了广泛的读者。耸人听闻的新闻之后被口口相传,以至于文盲都知晓了这个案件。《法国信使报》在同年又近乎完整地刊登了全文,给它在巴黎和全国做了巨大的广告。这篇短文描述了高费迪渴望"与几个姑娘玩乐",而与魔鬼订下了条约。这篇文章大概没有怎么反映犯人的想法,而是直接套用当时天主教的神学家都使用的魔鬼学理论或相关知识来发现、消灭撒旦的同谋。因此,高费迪可耻的淫荡行为被负面地视为一种致命的肉体罪恶。然而,一些色情的表达反映了学者和大众都普遍相信巫术。魔鬼也许教了他的门徒们难以抗拒的勾引术,并解释说:"借我的气息之力,我要点燃所有我想要拥有的女孩和女人们,但愿我的气息可以到达她们的鼻孔。"高费迪也许曾炫耀他"吹"过上千个女人,愉悦至极。他就是这样赢得了马赛贵族的女儿马德莱娜·德·拉·帕吕(Madeleine de la Palud)的喜爱。他越"吹"她,她越迷恋他,渴望与他发生肉体关系。他还承认参加了巫魔夜会,魔鬼在那里道貌

---

① Louis Gaufridy, *Confession faicte par messire Louys Gaufridi, prestre en l'église des Accoules à Marseille … à deux Pères capucins du couvent d'Aix, la veille de Pâques, le onziesme avril mil six cens onze*, Aix, Jean Tholozan, 1611.

岸然地仿效天主教教会的礼仪,"吹"一些姑娘并奸污她们。这篇文章结尾处写到了他的处决,据说现场有3 000多人。

巫师教士的色情气息说明他的体味对所有女性都具有强烈的吸引力。小报被最严格的宗教当作其城市居民的宣传工具,要把人们原来认识的男性气息转变成魔鬼的陷阱:气息连着鼻子,对当时的人来说,鼻子是一个情欲的器官,因此气息可以迷惑女性,然后玩弄她们。气息还具有强大的治愈能力。时至今日,农村的一些男士以具此天赋闻名。这些"神秘的吹气人"可以治愈某些疾病,例如扭伤。

腥膻小报

小报是最早刊登社会新闻的报纸,它通常用版画加以装饰,在1580年至1640年打击巫婆的同一时期进入了发展的黄金期。小报传播的是符合世俗城市居民好奇心的教士思想。巴黎的专栏编辑皮埃尔·德·莱斯塔勒就十分热衷于收集小报。许多好事者如饥似渴地阅读小报,或者互相八卦其中的内容,尤其是在观看一场司法处决时,他们可以从小报中明白诉讼案件。小报传播说教的学者、魔鬼学及悲惨文学的作者的文章,如此形成一定的公众舆论。悲惨文学在(小报辉煌的)同时代充分地发展起来,我们之后还会再谈到。其中,对女性的恐惧,以及对女性毁灭性的性征的恐惧是小报的主要话题之一。匿名作者巧妙地使用轶事的形式表达传统教士反女性的言论,他们通过真实的故事来介绍虚妄的罪行:女性卖弄风情要受到严厉的惩罚。有一个故事的不同版本出版于1582年、1604年、1616年。一个富有、妖艳的女子渴望拥有一条美丽的胸巾或一个漂亮的打褶颈圈,却寻不到任何符合自己心意的,她的欲望如此强烈以致只要有人能满足这个心愿,她甘愿堕落、亵渎神明、委身于恶魔。一个爱慕者,简直是魔鬼本人,把一条美丽的胸巾戴在她的脖子上,随即掐死了她。1616 年版的故事发生在安特卫普,故事的女主人公是骄傲、急躁的霍诺克女伯爵(comtesse de Hornoc)。作者还补充说魔鬼在消失时放了一个臭屁。她的家人掩盖了她的死因,但是在下葬时,棺材重得无法提起。人们打开棺材时,一只黑猫从里面溜了出来。①

1613 年的一份小报有意通过唤起读者的感官煽动恐惧。这个故事发生在 1613 年 1 月 1 日下午 4 点的巴黎。一位年轻贵族在与人共进晚餐后,在回家的路上遇到一位衣冠楚楚、戴着珍珠项链和金银珠宝的年轻姑娘。他们于是攀谈起来。这位青年请她去他家等雨停。姑娘应允,说已经叫人去找马车。就像安娜姐姐一样②,这位姑娘也不见任何人回来。主人这时让她在床上休息,过来问她是否一切都好,瞬间变得大胆起来。他摸她的胸部时她并没有反抗,他就开始吻她。"这点燃了他的灵魂之火,火焰燃烧我们的思想,烟雾模糊了我们理性的眼睛",他在多次努力后满足了自己的欲望。第二天,他不知为何感到苦恼,走到她的身边。这时她已冰冷如霜,没有一丝脉搏和呼吸。他叫来司法辅助

---

① Nicolas Barbelane, *Les Canards surnaturels*, *1598 - 1630*, mémoire de maîtrise inédit, sous la direction de Robert Muchembled, université de Paris-Nord, 2000, p. 64(原文件保存于法国国家图书馆)。
② 安娜是法国诗人夏尔·佩罗(Charles Perrault)创作的童话《蓝胡子》(*Barbe bleue*)中的人物。安娜为了救快要被丈夫杀死的妹妹,登上城堡塔楼遥望远方求救,等了很久以后他们的两位终于来把她救下。故事中"安娜姐姐,你还不见有人来吗?"(«Anne, ma sœur Anne, ne vois-tu rien venir?»)这句话也成一个通俗的法语表达。——译者注

时后,他变成了一具恶臭的尸体,他的房子都难以再居住。人们把他葬在当地教堂的地里,距地面 6 法尺的深度①,但由于恶臭太过强烈以致不得不把他挪到墓地。因为他的尸体极臭,没有人再敢过去,尸体最终被投入河里。河水被他毒化,许多鱼都被毒死、腐烂了。让-皮埃尔·加缪用这个故事告诫纵欲的人:被罚入地狱的罪恶就在末路之处!②

魔鬼极臭,而且所有与他共伍的人也很臭。相反,最好的天主教徒死后会有圣洁的香味。在十六、十七世纪,在某种程度上人们是根据人身上散发出的宜人气味来识别其信仰的。不虔诚的信徒会败坏周围的环境,不管是从身体上还是从道德上。嗅觉提供的信息越来越使人明辨善恶。最高的禁忌集中施加在女性身上,她们身上魔鬼般的腐臭让人想起她们贪得无厌的性欲,从此与死亡紧密联系在一起。这个主题并不新鲜,然而当所有当权者都在这一点上口径一致时,性欲变成了一件恐怖的事情。此时,嗅觉被生生调节成一种转换工具:把特别令人厌恶的味道转换成极度危险的信号。瘟疫及男性淫乱的恶臭与撒旦骇人的气味被联系在一起。③ 尽管文化样板主张对女性罪恶肉体和它所勾引出的男性欲望实施更严格的控制,然而女性的气味仍摆脱不了与其强大的性吸引力之间的关联。同样的文化矩阵还将年迈的女性塑造成被魔鬼奴役的女巫,吐纳着与帕耳开④或

---

① 法尺,法国古长度单位,一法尺相当于 33 厘米。——译者注
② Jean-Pierre Camus, *L'Amphithéâtre sanglant*, éd. par Stéphan Ferrari, Paris, Honoré Champion, 2001, p. 237–238.
③ 见下文第五章,关于瘟疫。
④ 帕耳开(Parcae),古罗马神话中掌握人类从生到死命运的女神。以 3 位牵线女性为代表,掌握每个人命运的丝线,当这个人的命运即将结束时,她们便剪断他(或她)的丝线。——译者注

古代复仇女神相似的病态呼吸。

老妇与死亡

文艺复兴时期的诗人们继承了源自古典时期对老妇极为轻蔑的态度：尤其是（诗人）贺拉斯（Horace）、奥维德（Ovide）、阿普列尤斯（Apulée）或马提亚尔（Martial）。马罗（Clément Marot）以此为灵感创作了关于乳房的反讽诗，在上一章中有所引用。直到17世纪中叶，关于这个主题的文学作品大批涌现。在悲惨、古怪的时代里，年老的女性受到了更大的中伤。从1580年到路易十三世统治结束时期，女巫通常被处以火刑，这些人对女性的信口雌黄还借鉴了魔鬼学中对闻所未闻的巫魔罪行的定义。

较之对老妇愤怒的诅咒，布兰托姆和一些医生的评论显得近乎宽容。布兰托姆说："有一个很老的女士。之所以说她很老，是因为另一位女士说她的口气比青铜尿盆还要臭；这可是那女士的原话。一个与她关系亲密的朋友也验证了此事，'她可能是有点老了。'"① 也许她的朋友是玛戈皇后（Marguerite de Valois）？而医生们，据我们所知，他们推荐了许多药方来掩盖身体的臭味，包括胸口的香垫。

对年长的女性阵阵狠毒的攻击让人惊愕不已。② 它远远超过了中世纪时滑稽的人物描写，比如维庸（François Villon）笔下的女

---

① P. de Bourdeilles, seigneur de Brantôme, *op. cit.*
② Jacques Bailbé, «Le thème de la vieille femme dans la poésie satirique du XVIᵉ et du début du XVIIᵉ siècle», *Bibliothèque d'Humanisme et Renaissance*, t. 26, 1964, p. 98–119. 之后的引用是其中的节选。

人。从 16 世纪初开始，莱茵河沿岸宗教改革的酝酿之地的绘画中也有关于这一主题的联想。艺术大师丢勒表现了裸体的女巫。汉斯·巴尔东·格里恩（Hans Baldung Grien）（的绘画）从 1510 年开始也表现出了这种特点。他还抓住了这个机遇去画年轻姑娘的裸体画。他在近 1514 年创作的一幅画中展现了两个年长女性的色情姿势，其中一位女士胸部下垂、身体健壮，只有脸显示了她的衰老。尼古拉斯·曼努埃尔（Nicolas Manuel Deutsch，？—1530 年）所描绘的画面更加令人不安。画中的女性蓬头散发，证明她行为不端，有可耻的、衰老的痕迹。不过她摆出正面、挑逗的姿势——对着观众淫荡地苦笑。[1] 作者们还指责女性绝经了以后仍然热衷于做爱。伊拉斯谟在《愚人颂》（1511 年出版）中带着讽刺和蔑视的口吻说道："但更有趣的是，看到这些老去的女人，似乎很久以前衰老就让她们死去了。这些移动、发臭的尸体，到处散发出一种坟墓的味道，然而它无时无刻不在书写：没有比生活更柔和的了。"

法国人在中学时代学过的最迷人的诗人龙沙在《疯疯癫癫》（*Les Folastries*）中描绘了名叫卡丹（Catin）的巫婆。杜·贝莱（Joachim du Bellay）也在 1549 年写的《一位老妇和一位年轻的女士》（*L'Antérotique de la vieiue et de la jeune amie*）中写道："哦，衰老、不洁的女人。老妇是这个世界上可耻的人。"他所表达的厌恶，与阿格里巴·德·奥比涅（Agrippa d'Aubigné）、马图林·雷尼耶

---

[1] Robert Muchembled, *Une histoire du Diable, XIIe – XXe siècle*, Paris, Seuil, éd. Point, 2002, p. 70 – 71. 德奇的版画保存于柏林版画素描美术馆。

(Mathurin Régnier)、西格那（Charles-Timoléon de Beauxoncles, sieur Sigogne）或圣阿芒（Marc-Antoine, sieur de Saint-Amant）所表达的无异。在西班牙作家费尔南多·德·罗哈斯（Fernando de Rojas）的悲喜剧《塞莱斯蒂娜》（*Célestine*）中，塞莱斯蒂娜媒婆或巫婆与魔鬼同谋。这本书在1527年被翻译成了法语，启发了马罗和其他许多作家。

被羞辱的老妇人的主要特点是：年纪大、味道臭、离死不远。杜·贝莱和龙沙嚷道，她只能是撒旦的仆人。龙沙在他于1550年写的一首颂诗《反巫婆德尼斯》（*Contre Denise sorcière*）中写道"只要闻到你口气，狗惊吠、河流退却、跟随你的狼嗥叫。另外，龙沙这样描述卡丹："她的两个鼻孔喘着气，呼出的气息很臭"，然后她躺倒在墓地里逝者的坟墓上。杜·贝莱在1558年表达了他的恐惧：

"比世界还老的老女人。
比肮脏的垃圾更老，
比惨白的热病更老，
比死亡更死气沉沉。"

他补充说她的眼神和气息足以熄灭任何的"爱火"。

年轻的女孩则得到了诗人的宽容，因为她们代表生命的香味，而年老的女性得不到男人任何的怜悯，也许也得不到上帝的怜悯。因为她们的气味让人联想到死亡。1572年20岁的阿格里帕·多比聂（Agrippa d'Aubigné）写了一首颂歌，描绘在这两个生命阶段的女性惊人的反差。① 他把他爱的人——他的维纳斯,与监视她的女傅②——蛇发女神,做比较。有一天,这个口臭的"老蛇"像塞伯拉斯③一样守在他女友的门前。晚上事出不妙,她们俩都赤裸地睡在同一张床上。诗人趁机比较她俩的身体。他用七星诗社的句子来美化那个年轻姑娘,用古怪粗暴的语句来描写年老的夫人。他的心上人很香,头上散发着塞浦路斯和龙涎香的味道;而老女人头上生头癣,爬满臭虫和虱子,散发臭味。

> 她暗淡、腐败的口气如同洼地。
> 上千种溃疡都枯萎了,
> 她眼角带屎,
> 鼻子流着鼻涕像阴沟一样。

随着呼吸起伏的小乳房对比蠢动如无风的风笛的干枯乳房,仙女的大腿与老女人皱巴巴、冒出"浓烟和上千个毒苍蝇"的屁股形成鲜明的对比。当时的人认为这些从腐烂中生长出来的昆虫来自魔鬼般的地狱。他把心爱的女人的"玫瑰花蕾"与一个变形的红色生殖器作恐怖的对比。也许当法官们要审判巫术案件时,真的近距离凝视过这些下垂的子宫,仔细地寻找巫婆的痕迹。年轻的诗人也害怕她吗?

---

① Agrippa d'Aubigné, *Œuvres*, éd. par Henri Weber, Paris, Gallimard, 1969, Ode XXIII du *Printemps*, p. 311-315.
② 女傅,西班牙等国旧时雇来监督少女、少妇的年长妇人。——译者注
③ 塞伯拉斯,希腊神话中看守地狱之门的三头犬。——译者注

> 很好，乱糟糟的须，
> 上千张修修补补的皮，
> 我不知道这个发情的火鸡是什么颜色，
> 一个伤口、一双旧鞋，
> 耷拉的肠、一只雌鼠，
> 两片卷心菜，
> 弄脏了他的膝盖。

最终的结论：

> 这就是悲惨的命运
> 混合着生命与死亡。

继这首诗后，对年长的女性的性器官的描写在17世纪初成为讽刺诗中非常淫秽的刻板印象，它肮脏、发臭、流淌液体、携带疾病和死亡。此外，一些作者还常常在这些描写里加入性虐待，想象用最恶劣的方法折磨他们脑中挥之不去的对象。西格那先生（1560—1611年）喜欢长时间折磨"肮脏的佩莱特（Perrette）"。

> 人们应该像对巫婆那样，把她的头发剃掉。
> 然后，在赶集的那天让她躺在路上，
> 用棍子打断她，并且把她吊起来
> 然后把绳子剪短，把她扔到火里。

要是读者知道这样的攻击针对的是亨利四世皇宫中一位著名的媒婆提耶小姐（Mademoiselle du Tillet），他们会不会更加不寒而栗？西格那先生把魔爪愤怒地伸进那个时代的老妇憔悴的肉体中，也许我们时代的一些政客从这位诗人那里也学会了如此激烈的辱骂？

> 没有色彩的尸体，坟墓里的遗骸……，
> 惨白的躯体、扫把星，
> 就如同人们眼中役畜的样子：
> 你是融化的雪中年老的身体，
> 或被绞死的巫婆的尸体，
> 魔鬼们附在你身上吓唬人。

许多作家都乐于对女性的衰老表现出强烈的憎恶，不担心受到惩罚，因为男性的衰老并没有受到如此强烈的排斥。在1622年于巴黎秘密出版的《讽刺的巴那斯山》（*Le Parnasse satyrique*）中，《反老妇》诗篇揭露年老的女性令人恶心的性征：

> 这个老妇，当有人与她做爱时，
> 她汗流得到处都是，
> 打嗝、放屁、擤鼻涕。①

---

① Marianne Closson, *L'Imaginaire démoniaque en France（1550－1650）. Genèse de la littérature fantastique*, Genève, Droz, 2000, p. 126－127, 338－341, 344,（引用）。其他许多文章，尤其是雷尼耶和圣阿芒的文章也详述了同样的概念。

许多作品表现了巫婆与魔鬼的肉体关系。例如西格那先生在 1618 年出版的《对与魔鬼为伍的巫婆的讽刺》（*Satyre contre une dame sorcière qui frayait avec le Diable*），其中很多部分是关于臭味的。老妇比尸体还臭。她惊呼道：

> 我与死亡相同。我们只有一点不同：我是苍白的，她是惨白的。但是人们闻得到我的臭味，却嗅不出她的味道。

作者随之让读者见证：

> 这让人难以忍受。
> 我完全被感染了。
> 女人和魔鬼都很臭。

> 她愉快地放着屁，
> 闻起来像陈奶酪，
> 臭魔鬼和臭悍妇
> 竞相比谁更臭。

魔鬼般的快感

尽管这些诙谐的诗歌的作者并不严肃，但这些诗依照魔鬼学家塑造的巫婆模板表达了强烈的厌女想象。在欧洲，魔鬼学家把数千个所谓的撒旦同谋推向了火刑，她们大都是农村妇女及"衰老的女人"。在刚开始(审理)案件时,法官让她们赤身剃掉所有体毛,在她们的裸体上寻找所谓的魔鬼魔爪的痕迹。刽子手或(所谓的)医生在她们的身上插入一根长针;如果没有疼痛或没有流血的话,那他们就总结这是魔鬼在新猎物身上留下的痕迹。没有人知道那些法官在面对大多衰老的裸体或闻到她们体味时的感受,因为没有任何叙述被保存下来。不过审判文件描述了假想的巫魔夜会中的性关系,当时有些专门的指南唆使法官去获得这类详细的招供。被保存下来的招供看起来很恐怖、刻板:既然魔鬼的阴茎以带刺、尖锐、冰冷闻名,魔鬼学家就想得到一些表达十分痛苦的感受的证词。人们有时想看到一些禁止女性性高潮的表达,但这有些夸张,且不符合时代。因为当时的医生认为女性的性高潮对生育漂亮的孩子——尤其是男孩,是必要的。西班牙的神学家苏亚雷斯(Francisco Suarez)在最猛烈围攻女巫的时期也为此观点辩护。这些女性被指摘耽于肉欲,以致衰老无法生育。在那个悲惨、古怪的时代,西方(社会)表达的实际是一种对天性的剥夺,无关享乐,只谈生育:任何性行为都在婚姻的框架内被允许,并且为生育操作。因此年老的女性没有性行为的权利,与死亡相关的想象像一张越织越紧的网,包裹着她们。如果她们敢表达自己的需要或欲望的话,人们就会把她们魔鬼化。

  1550年至1650年间,新的行为规范逐渐形成。主流的观点认为,人在严厉的上帝面前罪孽深重。这种观念取代了之前对生活较为乐观的看法。在这一时期,救赎的希望与被诅咒的恐惧之间形成了一种紧张的关系。造物主许可下,撒旦作为改良罪人的工具不断显现。正如弗朗斯瓦·德·罗赛和让-皮埃尔·加缪所解释的那样，撒旦耐心地步步紧跟他的受害者。相比于这个悲剧时代席卷世俗世界的厌女浪潮，中世纪神职人员的厌女情结简直不值一提。从法律角度看，女性们成了永远的未成年人，女性失去了所有的独立性，至少在理论上是如此。女性被当作弱小的生物，她们的体液气味难闻，月经有毁灭性，性欲令男性疲惫。这是历史上对女性最恶劣的时代：人们公认女性得不到自我救赎，所以她们应该一直被男性权力监视，以防她们向魔鬼献身。正因如此，婚姻是绝对必要的，它既迫使女性拯救自己的灵魂，也为了限制她们贪婪的性欲。

把女性妖魔化显然成为使男性监护合理化的一种方式，给她们带来了越来越重的压力。只有诗人梦中的年轻女子才能暂时逃脱这种贬低的眼光，因为她们象征着生命。恭维她们可以得到想要的爱情享乐。在此之后，婚姻对妻子来说是一个牢笼。她这时应该保持端庄、忠诚、生几个漂亮的孩子、像蜗牛一样担负起家庭，接下来便开始走向地狱。她们因衰老而遭厌。女性年轻时气味难闻，尽管蹩脚诗人假装相信她们气味宜人；在月经期间，她令人厌恶且危险；衰老时又接近腐烂的气味。因为怪异、悲惨的文化把年老的女性与死亡同化。这就可以更好地理解欧洲对巫婆的恶毒。这本质上难道不是因为男性恐惧通常变得更独立的女性，尝试夺取属于男性的权力，并献身于地狱的主人？

从 17 世纪中开始，情况才发生了缓慢的变化。在这个时期，老妇没有再被如此恶毒地对待了，同时，对所谓的恶魔门徒的司法追捕也减少了。1653 年，莫里哀在《冒失鬼》(*L'Étourdi*) 中用更缓和的方式表现了两位年老的女性，她们互相攻击，尽管一个把另一个当巫婆对待。① 在（17世纪）古典时代，魔鬼一般可怕的臭味没有引发如此之多兴趣，在此之前的人如同害怕瘟疫一样害怕魔鬼的臭味。

---

① Molière, *L'Étourdi*, acte V, scène 9.

第五章

魔鬼的气息

在十六、十七世纪，欧洲经历了严重的瘟疫暴发。1580年至1650年间，法国的许多省份疫情惨重。医生和外科医生们对惊恐的群众用一个刻板的解释：流行病是上帝的怒火引发的，以此残忍地报复犯了罪孽的人。当时他们所提倡预防感染的药剂、所建议的具体措施，都强调有一种可能会感染空气的"有毒"气体。这种有毒气体是由最恶心的腐烂的气味以及致命的病理气息导致的，医生们把它与横行大地的魔鬼的臭味联系了起来。当时每个人都很清楚撒旦完全在神的授权下，干出了卑鄙无耻的行径，它用恶臭的气息传播瘟疫置人于死地。为了用宗教和道德的语言解释无法解释的事物，这种看法在防护或治疗的医疗工具中有所体现。

这些治疗方法与人类历史上出现过的嗅觉保护仪式之间有许多相似性。在文艺复兴时期，人们强烈推荐使用香熏法，这让人想起荷马时代的古希腊人，他们燃烧雪松枝来获得神的支持：在16世纪，香熏同样（被用来）建立人与神之间的联系，防止住在地下的恶魔作恶。还有一些香熏元素是天主教的宗教仪式，以驱散魔鬼的危险以及不虔诚的天主教徒:每个人都穿上不可穿透的香味盔甲来保护自己,治疗瘟疫的医生的服装就是由此专门演变而来的。时有发生的瘟疫表明地狱实际上永久存在于人们身边。可怜的必死之人们经常闻到撒旦的气息,对他们来说,香水首先是一种预防手段。最受青睐的香料加麝香、灵猫和龙涎香,实际上来自动物的分泌物,其中前两者来自性腺。在当时的学术思想中,"以毒攻毒"的观点认为,可以通过比瘟疫气味更可怕的臭气来抵抗"黑死病",虽然可以毫不讳言的是,这些食谱和药方在缺乏对疫情真正原因——由老鼠的跳蚤传播的耶尔森菌的了解时,这些妙计和药剂显然是起不了什么作用的。不过这却让人领略到一个令人惊愕的嗅觉世界,唤起了一个完全消失了的世界中的信仰、恐惧和情感。

有毒气体

公元 2 世纪的(古罗马)医生盖伦认为,瘟疫的起因是空气质量的失常,其征兆是强烈的腐烂味道。这个理论因为适用于天主教的背景,在文艺复兴时期始终被采用。根据当时人们的想象,臭味并不是从天而降的,既然所有来自天上的东西都是好的,那么臭味就是来自地狱以及通常被葬在地平面的位置的亡灵世界的气体。人们认为促进有机腐烂的场地或现象为传播感染提供了理想条件,比如沼泽、垃圾场、火山爆发产生的硫化物气体、暴雨。不过所有这些都与魔鬼有关,诸如癞蛤蟆这类黏稠、可憎的生物,以及留下发臭痕迹的雷电。巫婆及其同伙擅长施法降下小、中、暴雨,使农作物毁灭。

在 1477 年至 1478 年间,著名的佛罗伦萨人文主义者马尔西利奥·费奇诺在《抗瘟疫》(*Contro alla peste*)论著中谈到"有毒的蒸汽"不再是简单的空气质量失常的问题。在这之后的一个世纪里，有关这个主题的医学著作增多了。作者们显然没有忘记这样解释瘟疫：上帝对犯了罪孽之人感到愤怒，导致了瘟疫。安布鲁瓦兹·帕雷（Ambroise Paré）医生在 1568 年揭露"受感染的空气"之前，就瘟疫的起因写了很长一段文字，他说在里昂对抗流行病的过程中观察到"瘟疫的腐坏与其他所有的腐坏都不一样，因为瘟疫中隐藏了难以描述的恶（malignité），人们无法解释它的原因。"① 在当时词汇中，恶（malignité）映射着魔鬼。

此前不久，巴黎的医生安托万·米作（Antoine Mizauld）讲述了他在 1562 年巴黎突发的那场瘟疫中的亲身经历。② 他想提供实用、简单的建议，并表示所有的建议都经过他本人和他朋友的亲身试验。首先，需要向神恳求"平息对我们的愤怒，并抽走他那公正地惩罚我们过错的恶臭的双刃剑"。然后，由于瘟疫"使空气腐败，引起不可察觉的空气变质"，他建议逃离受感染的地方；避开所有有害体液；根据医嘱清洗自己；早晚使用预防药；点香熏、喷香水；经常换白布制品。另外，太阳落山后和太阳升起前不要出门；而且，"手上涂一些香味，嘴上抹一些解毒药"很重要。务必避免与病人或从感染区回来的人接触。要把一些场地拆除：墓地旁边的住房、垃圾场、屠宰场、剥皮场、鱼店、垃圾堆，或其他"肮脏的"地方，还有制革工厂、锻焊厂、蜡烛制造厂、猪肉食品店、缝补店、皮货厂、旧衣服商、转卖商、补鞋店"以及类似的、肮脏

---

① A. Paré, *op. cit.*, p. 3-9, 14, 21.
② Antoine Mizauld, *Singuliers secrets et secours contre la peste*, Paris, Mathurin Breuille, 1562, p. 6-14.

的手工作坊"。保持房间整洁非常重要，不要忘了在房间里每天撒两次芳香的花草；衣服要保持整洁，放在箱子里，用香味包裹起来。禁止在家中养狗、猫、家禽；只能在郊区饲养猪、鸽子、鹅、鸭子。要避免任何腐烂的食品或变质的饮料；不要在人生活的场地附近储存肥料、腑水或粪便的物质，更不要"在倾倒排泄物的马路上小便"。必须让住所通风，但要挡住来自南面或西面的风。起雾时或南方来风时，尽量不要出门。为了保持精神状态，要避免接近病人、死者的丧钟或铃声、残疾人和老人……

这些（预防）措施带着传染理论的烙印。让健康的人远离受感染的场所的确起到了一些效果。然而，想要这么做的人必须很富裕才能长时间躲避于偏远的乡村之中，比如《十日谈》的作者薄伽丘。这些受了合乎道德的健康观念启发的措施并没有给那些仍住在受感染的城市里的人带来什么预防效果。这篇文章所介绍的与流行病的对抗，如同一场善恶之间的斗争。当瘟疫在臭味与腐烂的地方肆虐，想要预防瘟疫的人被嘱咐须比以前更靠近神的世界：洗白布制品、避免坏的体液、节制、按照太阳的温度来调节的规律生活、熏香、用保健和预防性的香气。这些措施都无法阻止黑死病的大屠杀。但医生和外科医生们在1348年灾害出现时还是给完全手足无措的民众注入一丝希望。他们建议人们用宗教的赎罪仪式平息神的怒火，除去人自身的恶习，因为他们认为是这些恶习招来了神报复的双刃剑。从城市升向天空的香气流露出人们对被宽恕的希冀。

瘟疫肆虐的城市

城市同样受到鼠疫越来越强的侵袭。当时的人认为较之乡村，城市受人的罪恶腐蚀更甚，而且我们之前提到过城市里骇人的臭味。当局用驱逐和隔离的措施来回应。比如在法国（北部）阿图瓦省（Artois）的首府阿拉斯（Arras），居住了约2万居民，在1640年被法国征服之前受西班牙的统治。通过治安条令可以关注抗疫的进展，1580年前的治安条令还比较宽松：1438年4月18日，人们受流行病威胁，以致把穷人和猪驱逐到了城墙之外。1489年9月23日，瘟疫在附近的城市流行，人们采取了更谨慎的措施来预防当地的疫情。每一个被传染的屋子前都放一捆稻草；病人出行时要手拿一根白色的细杆示意，他们被禁止去人多的场所。1490年8月26日，在另一阵惊慌之中，市政官员们命令关闭浴室，传染病很容易在这些洗浴的场所扩散。1494年4月27日疫情恶化。人们采取了与1489年相同的措施，并且命令鼠疫患者在他们的衣服上佩戴一条和手掌一样宽的黄布，以避免与人接触；学校被关闭了，市场或街道上都禁止倒垃圾和液体；被屠宰的猪肉要腌制，所有的动物都被赶出了城；当局甚至还禁止打扫街道，生怕这样做会使灾害更严重。

　　1576年形势有所变化，一位外科医生在8月31日被选为"瘟疫的放血者"。他的灵验办法是否有澄清病患血液的功效还有待证实，但他确实因此获得了大笔津贴，其中一半在治疗后立即付清，另一半在瘟疫结束时支付。除此以外，他在瘟疫期间每周还能得到相当高额的工资，获得免税的福利，享受市政的餐饮报销，并且免费得到他所需的药品。另外，不论是富人还是"正直的穷人"都给他酬金。作为回报，他要视察尸体，并免费照料在市政部门登记的病人。而且，他对于自己应当为城市或郊区居民提供的医疗服务不能有任何的挑剔,这些服务涉及所有创伤和疾病,包括梅毒,即所谓的"那不勒斯的罪恶"(从1498年起就有记录)。1576年疫情危机时,人们被迫待在房子里,在没有被允许的情况下不得离开2天以上。瘟疫变得极度危险,甚至致命。当局者声称这是因为许多农民逃难到首府阿拉斯,使他们做出决定把农民们驱逐出去。在这位外科医生死后,抑或在他迅速离开之后,他的一位替代者从1580年10月27日开始领薪水。他去世以后,第三位于1582年7月18日任职,第四位在10天以后任职,没有任何解释。1597年的一些文章中强调"这位瘟疫的外科医生"是唯一有能力治疗瘟疫的人。9月13日,情况进一步恶化,人们举行了一场公共的宗教仪式游行,以取得神的宽恕。一时间,鼠疫患者被禁止上街,被要求带一根五六法尺长的白细棒。外来的乞丐们被驱逐。旧货商人被禁止购买从亚眠(Amiens)、康布雷(Cambrai)或圣奥梅尔(Saint-Omer)来的东西,因为在那里前几年流行过传染病。之后在每个瘟疫流行时期,这些相同的禁令都被重新采用。1619年8月23日,针对最严重的一场瘟疫,发布了一条长长的规定:对接触过病人的人进行为期3周的隔离;驱逐外来的人和流浪者;强制规定焚烧垃圾;明确规定医生的任务范围,包括告知当局。在1655年还增加了禁止养猪的条款,因为它们发臭。①

这些要求遵照了治疗学家的建议。他们认为人的身体是疏松、可被渗透的,被瘟疫腐化的空气可以进入其中。另外还应该避免与

---

① (Bibliothèque municipale d'Arras (Pas-de-Calais), Ordonnances de police, BB 38, f° 126 r°–v°, 130 v°, 146 r°; BB 39, f° 48 v°; BB 40, f° 5r°–v°, 94 v°, 105 r°–106 r°, 113 v°–114 r°, 119 r°, 150 r°–153 v°, 206 r°, 359 v°–360 r°, 380 v°.

病人进行任何接触。安布鲁瓦兹·帕雷医生建议其他医生同病人及经常接触受感染的人避免"吸入他们的呼吸以及他们排泄物的气味,不管是(固体)大颗粒的还是液体或气体的",在与他们互动时应该保持必要的距离。这一距离在1597年阿拉斯地区被明确定义为手持一根两米长白细棍。另外,治疗瘟疫的外科医生以及埋葬鼠疫死者的人也经常被要求佩戴一根这样的棍子。因此,在死亡的威胁下,每个人把自己围在一个安全圈内。如后文所说,人们用芬芳的气味制造甲胄抵御任何臭味进入这个性命攸关的空间。安布鲁瓦兹·帕雷医生建议当局采取与阿拉斯地区一样的预防措施:应该注意房屋和街道的整洁、禁止在街上丢弃任何肥料和垃圾、要把牲畜的尸体和垃圾迁到远离城市的地方。应该监督水的纯度、禁止售卖腐化的肉,同时禁止开放蒸汽浴室,因为人从蒸汽浴室出来后身体会变软,"毛孔会张开,带瘟疫的气体会立即进入体内,致人猝死"。而且还要杀死猫、狗,因为它们如果食用了死者的尸体或他们的排泄物,就会传播传染病。不过帕雷并不认为把病人关在家里有效,但最好还是禁止他们与健康的人接触。另外,不能变卖死于瘟疫的人的任何财产,同时未受感染的城郊须对来自受感染地区的游客关上大门。为了净化不健康的空气,帕雷主张在屋内及城市空间里点火熏香,顺便还提出了在夜间或黎明点燃火药的做法。他解释说,图尔奈(Tournai)发生瘟疫时,"火药剧烈的声音和烟气缓和并驱逐了受污染的空气。"[①]

许多作者也采用了相同的说法。比如鲁昂的医生让·德·朗佩

---

① A. Paré, *op. cit.*, p. 51–54, 60.

里埃（Jean de Lampérière）在1620年同样引用了有关图尔奈的趣闻并解释："药粉的力量、硫黄的味道剧烈地推动了空气，它驱散了受瘟疫传染的空气。"他补充说，一些人甚至在家里开火枪以达到类似的效果。他的观点与帕雷的观点并没有根本性的差别，除了对于人体排泄物的处理方法。对他来说，"要禁止在路上大小便，否则会导致严重的后果，这一方面缺乏秩序；要沿着水流建造一些公共排便场所"，把每个位置都用围墙围住。另外，他对于抗瘟疫的火做出了更清晰的解释。他建议在太阳落山后点火，燃烧抗腐化的木头：刺柏、月桂、柏树、冷杉、白蜡树、胡桃树、染料木、欧石楠、松树。为了加强它的效力，还可以混合同样种类的草：芸香、苦艾、柠檬香植物、龙蒿、迷迭香、鼠尾草。另外，他还提到一种视觉传染理论："很多人感染了瘟疫仅仅是因为看到了受感染的房子。"他解释说："若将心灵看作太阳的映影，眼睛则是太阳之门，将善恶传递给内心。"[1] 说到底就是两种相反原则之间巨大的宇宙较量，每个终将面临死亡的人类既是战场，也是赌注。要采取形式多样的预防措施来避免被瘟疫打倒，这是一场与自我的抗争，以防止罪恶的瘟疫进入人体的躯壳。在夜间或黎明点火熏香赶走腐烂、驱散黑暗，这显示出他们与死亡抗争的求生意愿。香气升到天上，以平息神的愤怒。在地上，虔诚的天主教徒应该坚决地拒绝与受到可怕的传染病残酷惩罚的病人进行任何接触。人们出于恐惧逃离瘟疫之地，正如蒙田在1585年离开波尔多——他当时还是这个城市的市长。逃离之举显得完全正当，因为神的灾害攻击的是那些穷凶极恶

---

[1] Jean de Lampérière, *Traité de la peste, de ses causes et de la cure …*, Rouen, David du Petit Val, 1620, p. 57, 127–129, 132–133.

的人。一位图卢兹的神父阿诺·巴里克（Arnaud Baric）在1646年把传染病与一些年长或年幼的女性进行对比，这些女性怀有"世俗、肉欲、恶魔般的傲气"，袒露胸部、肩膀、手臂，直到手肘的皮肤，"所作所为完全不符合天主教的端庄，甚至摧毁灵魂"①。

受瘟疫侵害的城市发出地狱般的预兆，等候不虔诚的信徒。它们一贯的恶臭气味此时变成了更难以忍受的、有毒、腐败、腐烂的气味，具有最骇人的死亡气息。在这种情形下，"尸臭""疫气""腐烂""腐败"诸如此类的词汇都传递着巨大的危险信号。而且，一些普通的臭东西在瘟疫时期变得愈发可怕，其中包括一些啃食人类排泄物的动物。人们尤其主张大量捕杀猫狗，而在正常时期，人们则用它们的皮来制作防御瘟疫的芳香手套。② 同样也要避免接近猪，因为它的肮脏和臭味给人打上贫穷的烙印，变成了不受欢迎的动物。意大利医生和化学家安捷路斯·萨拉（Angélus Sala）这样写道："当瘟疫来到一个地方时，它先从贫穷、肮脏的人下手，这些人像猪一样挤在狭窄的小屋里，生活、活动、交谈与野生动物并无二致。"③ 大量涌入城中寻找泡影般救赎的流浪者、外来人、农民被驱逐出城，因为这正是对被恶魔包围的上帝之城的净化仪式的一部分。而嗅觉则担负起陪伴基督徒走上救赎之路的微妙使命。

芬芳的护甲

根据安托万·米作的说法，在瘟疫流行的时期，不论是在干净

---

① Arnaud Baric, *Les Rares secrets, ou remèdes incomparables, universels et particuliers, préservatifs et curatifs contre la peste ...*, Toulouse, F. Boude, 1646, p. 15 – 17.
② 见下文第六章。
③ Angélus Sala, *Traicté de la peste*, Leyde, G. Basson, 1617, p. 32 – 33.

还是受污染的场所都必须净化空气。他提出了三种方法：用火；烟熏或者用香水；用温泉、树叶和草本植物。使用第一种方法的话，冬天在房间正中央放一个小炉或一堆燃烧的碳，让它燃烧芬芳的物质：安息香、桂皮、丁香、没药、肉豆蔻、柠檬皮、当归属植物的根，或是一个被称作塞浦路斯小鸟的混合物。天气炎热时则不建议用火，因为它可能会把腐烂的空气烧得更热。此时应使用第二种方法，即清凉的烟熏疗法，所用的是当时人们所认为的凉性植物：堇菜、睡莲、玫瑰、柠檬、橙子、乳香……若使用第三种方法，人们就把它制成煎剂，再添加一些玫瑰水或醋，然后把它洒在房间的墙上和地上。穷人们仅用生菜、酸模、车前草、葡萄等，把它们在泉水和醋里泡过后使用……[1]

一个世纪以后，有关瘟疫预防措施的建议并没有发生根本变化。对于1668年发生在香槟地区的瘟疫，兰斯大学的医学老师皮埃尔·雷森（Pierre Rainssant）也常给出相同的看法。他主张为了让受感染的屋子通风，要在院子里焚烧病人的床上用品及生前用过的所有东西，并且，在此之前要清扫包括蜘蛛网在内的所有垃圾。他确信，可以用热水或醋来净化的只有金银。房间里需要挂上绳子晾未受感染的地毯、挂毯、衣服和日用棉麻布。要把箱子打开放在托架上，关紧窗户和烟囱。随后在每间房间里铺开一层厚约三根手指宽度的灰，撒上醋，防止地板烧坏，然后放上一个同样厚度和大小的圆形干草垛。两盆香料，其成分为硫黄、树脂、硝石、锑、朱矿、氯化铵、雌黄、波斯树脂、大戟属、阿魏植物树脂、安息香、

---

[1] A. Mizauld, *op. cit.*, p. 27-32.

马兜铃、砒霜和苏合香脂,把它们碾成粉末投在干草上,把干草整理好覆盖在混合物上,并且浇上醋减缓其燃烧的速度。人们从楼房最高的一层开始布置,从高到低关上每一扇门,3天以后可以安全回到原处,敞开门让气味散发、让室外空气进入形成对流,完成对屋子的净化。① 这个治疗方法的效果似乎有时候很糟。当时的住房常常是木质或由轻薄的材料建造而成的,因此很容易着火。不过,作者至少表达了他对用火的净化效果深信不疑。他主张以恶制恶,这是他行业中惯用的方法:他的香味药方中含有有毒成分,例如大戟、马兜铃,或是特别臭的物质,例如硫黄、松脂、阿魏等植物树脂,这些物质在当时被描绘成与地狱和魔鬼有关的东西。德国人称它们为"恶魔的粪"正是因为它们以"奇臭"著称。②

在奥代·德·蒂尔内布(Odet de Turnèbe)于1580年写的一出戏剧《心满意足的人们》(*Les Contents*)中,他简单扼要地指出了在传染病蔓延时期出门前需要采取的预防措施。女主人公的母亲是一位虔诚的教徒,天刚亮就把她带去弥撒。女儿抗议:"您不知道有人因(感染了)教堂附近的可怕疾病而死去吗?医生没有对您说不要在天亮之前出去吗?"老妇只是虔诚地朗诵了圣罗克(saint-Roch)预防传染病的祈祷来回答她。女儿补充说:"您嘴里放一点当归属植物,手上拿一个浸过醋的海绵。"③ 当归属植物的根有麝香的香味,被认为是抗瘟疫的灵丹妙药。④ 醋在这方面的保护作用

---

① Pierre Rainssant, *Advis pour se préserver et pour se guérir de la peste de cette année 1668*, Reims, Jean Multeau, 1668, p. 30–31.
② J. de Renou, *Les Œuvres pharmaceutiques*, op. cit., p. 362, 764 (1re éd. latine 1609).
③ O. de Turnèbe, *op. cit.*, p. 12.
④ J. de Renou, *Les Œuvres pharmaceutiques*, op. cit., p. 266.

也的确至关重要，后文会再谈到。

安托万·米作多次称赞芸香的好处，它的气味强烈——散发出麝香的气味，有时被形容为粪便的气味，可以极好地对抗恶疾。这种植物还有神奇的作用，它让昆虫尤其是跳蚤远离，从而免受其害。这位巴黎医生提出了许多其他以气味或香味为成分的建议。[①]想要预防瘟疫的人需要喝解毒药。每天早上起床后喝万能解毒药含有捣碎的20多片芸香叶、2个胡桃、2个无花果和一粒盐，混合了美味的白葡萄酒；或者吸吮一块浸过白葡萄酒的烤面包片，白葡萄酒里浸泡了一整夜当归属植物。剩余的准备材料用来洗脸、脖子、手臂。这针对的不是卫生的问题，而是要增强最常暴露于受污染空气中的身体部位的抵抗力。

在室外时最好在嘴里含一点当归属植物、龙胆草，或类似的植物。还要再拿一个塞了肉桂或丁香的柠檬或橙子，时常闻一闻，记得每天至少更换两次。人们也可以手拿一个浸透了芸香醋的海绵，紧紧地挤压它直到只留气味。随身带一个香料球是必不可少的，时常闻一闻；还要带一块包着月桂的手帕，月桂要在肉桂或蔷薇制成的玫瑰水中浸泡过一夜。穷人们就用醋洗脸、洗手，其中添加一点含阿片复方软糖剂，或者常常闻手里的芸香枝。安托万·米作评论说巴黎人在1562年也仿效这个习惯。他当时建议女性谨慎使用它，因为他观察到她们脸蛋发红，有时还长了疮。另外，把芸香枝泡在醋里，再加入"一些气味更重的东西"可以让药剂没有那么难闻。

香料球既可以用来对抗传染病，也可以用来享乐。他建议的配

[①] A. Mizauld, *op. cit.*, p. 16-57. La suite est consacrée aux soins aux malades. Voir p. 139, 关于奥菲涅人对尿的使用。

方，包括夏天使用的，主要包含了玫瑰、堇菜、睡莲、檀香木、桂皮粉、没药、安息香、龙涎香、樟脑、麝香，把它们磨成粉，然后浸在玫瑰水里。这种粉末也可制成有香味的念珠放在塔夫绸的小袋子里随身携带，经常闻一闻，或者早晚把它涂在心脏周围，抑或放在一个做成心脏形状的信封里以加固。另外，人们也用它来制作长蜡烛、大蜡烛、有香味的火把，拿着它穿过房间看望病人或夜间进城。

还要特别注意身体明显的开口：嘴、鼻、眼、耳，以及被遮住的部位，脸皮、脖子、手，以及其他暴露在空气中的表面。第二种部位需要用以白葡萄酒或红葡萄酒、玫瑰水和樟脑为主要成分的药水经常清洁。如果把樟脑浸在当归属植物的根里，添加少许玫瑰醋，可以增加它的效力。芸香或当归属植物可以保护口腔。米作说，在指尖滴上宽叶薰衣草油，把它涂在鼻部和耳部会散发出美妙的味道。讲究的人会用真的蝎子油，正如普罗旺斯人那样。他们把蝎子油涂在手臂、太阳穴、颈部和喉咙、"胃的开口处"（肛门）及心脏附近。米作强调这种做法很有效，为的是向怀疑者证明"以毒攻毒"的道理。因为这个产品在巴黎很稀有，他建议用刺柏油来替代，他也很喜欢刺柏油美妙的气味。然后米作提供了一种芳香的水的制作方法：加入檀香、芦荟、桂皮、薰衣草、当归属植物的根、龙涎香、麝香、樟脑，把它们磨成粉，在玫瑰水和白葡萄酒中进行滗析。早晚取一些浸润手帕擦拭手臂、太阳穴、颈部、喉咙，或者用手指蘸些涂抹在鼻子和耳朵内侧。如果需要的话，还可以用它来擦拭心脏处、肛门，"甚至生殖器官，它有我所不理解的身体的奥妙，并且对瘟疫具有关键意义，如今人们都轻视它"，他叹息道。没有任何部位被遗漏，即使是人们很难相信它会暴露在有害气体中的肛门。除身体的开口和多隙的部位外，精心调配并不断更新的香味盾牌还保护身体的关键部位。不过人们疑惑的是，这些秘方药与民间习俗究竟有多大差异。另外，米作夸奖奥弗涅人喝少量混合了万能解毒药的尿液来预防传染病，说这一习俗很有效；或者把这种混合物涂在淋巴结炎上也可以起到治疗效果。路易·居永医生（Loys Guyon）则在1604年惋惜老奶酪对健康的危害，提到农民使用的预防传染病的方法让他感到恶心。在他看来，农民是粗人：他们空腹狼吞虎咽地吃这些乳品的精华——奶酪在当时似乎还未荣登美食的地位，它如今却使法国显得比别的国家更加精致。[1] 咳！

香气仪式

感染了瘟疫的病人气味糟糕，导致十六、十七世纪的西方人往身上添加更多的香味屏障。尽管一群道德主义者痛斥香水，把它比作色情的陷阱，尤其针对使用香水的女性，但香水在数场流行病中已完全席卷了天下。医生和香水的顾客从香水中发现了可以幸存于黑死病的唯一方法。按照他们的观念，罪恶起源于魔鬼。马丁·路德描述邪恶的念头时就强调了这一观念："（它）把空气都熏臭了，还感染了穷人的呼吸，把致命的毒药灌入他们体内。"使用香水的目的在于加强并激发人身体和精神的防御机制，同时获得愉悦。因为医生们建议在呛鼻，甚至令人作呕的气味中加入使用者喜欢的气味。正是出于这种考虑，药水中普遍都含有麝香、麝猫香及龙涎香，而且前两种香具有强烈的性欲刺激作用。富人们乐于使用它，

---

[1] L. Guyon, *Les Diverses leçons*, *op. cit.*, p. 704.

他们把身边所有的东西上都喷上香水,包括他们时尚的狗。英国亨利八世国王和他的女儿伊丽莎白最喜欢的玫瑰和麝香配方。富足的生活导致了对香水的迷恋。皮具都带上了香味:手套、皮鞋、长筒靴、皮带、剑鞘……金银匠发明了充满香味的珠宝、手链、项链、戒指,甚至宝石,当时还有说法称这些香水来自用气味压缩而成的液体。[1]

香水在此被用来抵御疾病,而非吸引他人。一位出生于图卢兹的医生奥热·费里埃(Oger Ferrier)在1548年清楚地证明了这点。他按照常规,建议人们去室外行走时经常闻闻香味球、香草和鲜花,或者至少闻闻在醋和玫瑰水里浸泡过的海绵。另外,他还建议人们预防那些如(污秽的)街道般恶心的呼吸。[2] 一些观测报告都反复描写了健康的人在公共空间神色慌张,冒着(生命)危险躲避所有(肢体)接触。他们身上所有部位都涂上了保护的香味,甚至包括胡须和头发。鲁昂的医生让·德·朗佩里埃(Jean de Lampérière)在1620年写道:"从出门前要用秘鲁的香脂涂太阳穴、鼻孔内、嘴唇、手掌、手腕的动脉处,甚至心脏跳动的地方。这种香脂的收敛功效可以防止吸入受污染的空气;它的镇静功效可以抵御腐烂;它的高酒精成分、芳香的气息让人心情愉悦;出门时要在嘴里含几块软糖式药剂(内部的药方)或者滴两滴丁香花蕾香精、龙涎香种子或当归属植物的精油。"

这难道不是一场以香水为器物的净化、赎罪仪式吗?有罪之人

---

[1] Constance Classen, David Howes, Anthony Synnott, *Aroma. The Cultural History of Smell*, Londres, Routledge, 1994, p. 59, 71 – 72.

[2] Oger Ferrier, *Remèdes préservatifs et curatifs de peste*, Lyon, Jean de Tournes, 1548, p. 49 – 52.

把自己封闭在香味的气泡中来重获神的宽待。他们被强迫与人群隔离，孤身一人，既隔离了邪恶的引诱，也隔离了城市中普通的臭味。他们的气味因此经过了精心修饰，这样看来很难说十六、十七世纪的人很少关注嗅觉。相反，嗅觉对他们来说是至关重要的，而且是以独特的方式培养的。

治疗瘟疫的医生的身体由于格外暴露在疾病之下，穿戴更多的预防装备。1619 年，路易十三的医务随员夏尔·德洛姆（Charles Delorme）为了治疗鼠疫患者，想象出一种全封闭的服装。圣马丁（Saint-Martin）的神父这样描写治疗瘟疫的医生："他让人用摩洛哥皮（山羊皮）来制作这种服装，受污染的空气很难渗透进去；他在嘴里放一点大蒜和芸香；在鼻子和耳朵里放一点乳香；用圆框眼镜遮盖眼睛，穿戴成这样去出诊。"还要拿着一根棍子，看病时用它来保持一段距离、远离所有危险，这副行头让人印象深刻。他身上没有任何部位暴露在空气中：头上戴一顶巨大的帽子，（脸上戴一个面具，）上面有一个长达 16 厘米左右的鸟嘴，在鼻孔处开了两个洞以便呼吸，在嘴尖用草和香水过滤，戴圆形眼镜保护眼睛。他穿着长至地面的巨型外套，脚穿摩洛哥皮的高帮鞋，并把皮短裤系在鞋上，把皮短袖衬衫束在短裤里，戴很长的手套。他还披皮甲，双重抵御黑死病的威胁。一方面，这个真护甲的材料可以很好地防御魔鬼的气息，因为它有一部分来自山羊。而山羊是典型的魔鬼的象征，它可怕的气味可以赶走流行病。[①] 另一方面，（这些衣物所使用的）所有皮革都用香草和芳香物质沁出香味：百里香、香

---

① 见上文第三章，关于公山羊作为魔鬼般的动物。

脂元素、龙涎香、蜜蜂花、樟脑、丁香花蕾、阿片酊、玫瑰的花瓣、安息香。① 让·德·兰佩里尔向他的同行补充了几条建议：给日用布和衣服沁香后，记得还要给手帕上蜡以预防病人的气息。另外，还要用一种混合油擦拭鼻孔内部、嘴唇、太阳穴，这种混合油含有樟脑、秘鲁香脂、波斯树脂；嘴里含一点揉好的没药球、丁香花蕾精油和龙涎香蜜。用长生草的汁液，加一些蒜味或芸香的醋来洗脸、洗手。要避开鼠疫患者的眼睛和嘴，不论是从正面还是从侧面。看望鼠疫患者时不要穿羊毛的衣服，也不要穿宽松材质的衣服，因为空气很容易进入其中。探望后最好更衣，在衣服上沁香后，再重新穿上。另外，很有必要在心脏处戴一个水银、金子、铅的混合物，里面混合一些蓝宝石粉和红锆石粉。②

芸香、醋和烟草

以毒攻毒既是十六、十七世纪时主流的医学观念和民间习俗。医生们明显鄙视"粗俗"的习俗，但这种轻蔑针对的是习俗的来源而不是它的功效。例如农民把奇臭的东西用来治疗：闻腐烂的奶酪、喝自己的尿、养一头山羊保护住宅、早上空腹闻一闻"厕所"的气味。最后一种做法在 1680 年仍受到一位德国医生的推崇。作家丹尼尔·笛福于 1720 年出版的《瘟疫年纪事》（*A journal of the plague year*）中提到，英国的公厕管理员们谨遵医嘱，他们工作时口

---

① «Charles Delorme», dans la *Biographie universelle, ancienne et moderne* (Michaud), nouvelle éd., Paris, A. Thoisnier Desplaces, t. 10, 1852, p. 345 et Salzmann, «Masques portés par les médecins en temps de peste», *Æsculape*, n° 1, janvier 1932, p. 5–14.

② J. de Lampérière, *op. cit.*, p. 409–411.

第五章 魔鬼的气息

含大蒜和芸香，抽熏过香的烟草。①

大蒜和芸香的气味很让人厌恶。让·利埃博医生在 1582 年写道，大蒜使人的口气变臭，还使排泄物变臭。只有普罗旺斯或加斯科涅（Gascogne）地区的人用大蒜来抗瘟疫，这往往需要克服强烈的恶心。②酷爱大蒜的亨利四世有这样的苦恼。芸香也是一种散发着臭味的植物，怀孕的女性食用芸香可能会导致流产。芸香以邪恶著称：阿格里巴·德·奥比涅（Agrippa d'Aubigné）把它和曼德拉草、毒芹和白蒜藜芦一起列为巫师的装备。③人们把芸香与撒旦联系起来，常说它是一种可以治疗或预防黑死病的植物。很长一段时间里，芸香都是以此驰名。路易十四时期的化学家玛丽·默尔德拉克（Marie Meurdrac）写的一些容易制作的药方中就有芸香。她建议传染病时期，每天早上喝一勺含五六滴芸香的烧酒可预防传染。以芸香香精为主要成分的药丸、芦荟酊剂、威尼斯含阿片复方软糖剂、没药、柠檬和橙子皮、烧酒，可以"预防任何受污染的空气和腐烂（物）"。④在拿破仑一世时期，人们一直使用含芸香的著名"四贼醋"来预防传染病。⑤但与大蒜不同的是，今天人们对芸香的想象中并没有保留它昔日的抗魔地位。也许是因为它不够耸人听闻，不足以驱赶荧幕中常见的吸血鬼？

醋在旧制度时期是真正的万灵药。接生婆路易斯·布儒瓦（Louise Bourgeois）的药方中 17 次提到醋，这些药方主要用来治疗

---

① C. Classen, *et al.*, *op. cit.*, p. 61.
② J. Liébault, *Trois livres*, *op. cit.*, p. 506, 513, 551.
③ M. Closson, *op. cit.*, p. 111.
④ M. Meurdrac, *op. cit.*, p. 75, 261.
⑤ 见下文第七章。

牙痛、发热、黄疸、腰痛、为女性止奶，以及让胸部变小、变坚挺，毫无疑问其中也包括预防瘟疫。醋尤其被用来浸泡海绵，然后（把浸过醋的海绵）放在一个镂空的象牙盒里，（在遇到瘟疫）危险的时候闻一闻。① 安布鲁瓦兹·帕雷（Ambroise Paré）解释，人们在夏天用醋是因为醋有冷却的作用。如果在煮开的含醋溶液中放些芳香的种子、根、含阿片复方软糖剂或万能解毒药，还可以用它来清洁身体。"不过，醋与或冷或热的毒液相反，有防腐作用。醋是寒性、不掺水的，这两种是抗腐的特性。实践表明，人们用醋来保存尸体、肉体、芳草、水果和其他东西，使其不腐烂。"② 在1809 年出版的《皇家香水制造商》（Parfumeur impérial）中，作者回顾了醋的预防功效，明确指出醋自很久以来就被用于盥洗，因为它可以"预防受感染的空气"。③

当时，烟草也被用来对抗黑死病，这也不奇怪，因为新鲜的事物往往都首先被当作药方来试验，然后再大规模传播。酒精、咖啡、巧克力都是如此，尼古草也不例外。博学的英国骑士康奈兰·迪比（Kenelm Digby）介绍了一种使烟草散发香味的香料：含有肉豆蔻油、薰衣草油、桂皮油、牛至油、丁香花蕾油、龙涎香、六粒麝香、19 粒麝猫香、一粒秘鲁黑香脂。要把麝香和龙涎香捣碎，加入半颗去皮甜杏仁，混合麝猫香以及其他物质，"把它涂在鼻下和太阳穴处，对于抵御受感染的空气特别有效"。在装有烟草的盒

---

① Louyse Bourgeois, dite Boursier, *Recueil des secrets de*, Paris, Jean Dehoury, 1653, p. 32 – 37 sur la peste.
② A. Paré, *op. cit.*, p. 44 – 47.
③ C. Fr. Bertrand, *Le Parfumeur impérial*, Paris, Brunot-Labbé, 1809, p. 266, 275 – 276.

子当中放一些香味的混合物可以减轻烟草的气味。香味的混合物中主要是龙涎香、麝香和麝猫香的浓郁气味，（它们）稳定、调和了其中的花香。这种风尚没有中断，并逐渐发展成为贵族的闻香习俗。也许它最初是为了防御宫廷和城里可怕的气味，甚至是为了抵抗流行病而制作的一种气味保护屏障？1693年出版的《法国香水制造商》一书中指出，烟草可以融合所有的气味，其中最常见的是橙子、茉莉花、玫瑰和晚香玉气味。烟草的颜色有黄有红，带有麝香或龙涎香的气味。①

在十六、十七世纪，与瘟疫有关的想象似乎非常离奇。让·德·勒努在1624年推出了许多预防药，经典的包括：当归属植物、蝎子油、（古罗马医生）胡夫·德菲斯（Rufus d'Ephèse）的药丸、万能解毒药、含阿片复方软糖剂。此外还有一些稀有产物：独角兽角、汞、蝰蛇肉、近似黑色的紫色白鲜花、蒜味草、茴芹属（绿茴芹）、亚美尼亚黏土、马耳他土、木乃伊粉、马宝石（传说的"胆汁的石头"）、矾油等。②

香料球

香料球，又称龙涎香球，从1348年起闻名。起初，香料球里只装以干热著名的龙涎香，后来香料球里装了各种抗瘟疫的药剂。

---

① Kenelm Digby, *Remèdes souverains et secrets expérimentés de monsieur le chevalier Digby, chancelier de la reine d'Angleterre, avec plusieurs autres secrets et parfums curieux pour la conservation de la beauté des dames*, Paris, Cavelier, 1684, p. 275 – 276; Barbe (le sieur), *Le Parfumeur françois*, Lyon, Thomas Amaulry, 1693, p. 117, 124, 128, 130 – 131.

② J. de Renou, *Le Grand dispensaire médicinal, op. cit.*, p. 16, 22, 147, 358, 361, 365, 495 – 496, 555, 581, 894.

16世纪，十分流行手持或腰佩香料球，达官贵人往往会订制最珍贵的香料球随身携带。查理五世皇帝在1536年有一个镂空的金石榴，石榴柄内可以放香料。同年还提到一种黄金大香料球，里面装满了香料，并串上一根扁链条束在女性腰间。法国的皇亲国戚中也使用过同样功能的珠宝：1529年有两个扁黄金香料球，每一面都饰有镜子，并都装有一个写有7篇《圣经》《诗篇》的小册子；1591年有一条可以围脖子三圈的长香料项链，装有大颗麝香、龙涎香和麝猫香做成的；1599年有金船形状的香料盒，饰以钻石和珍珠。1561年，法国波城（Pau）城堡中有个球形香料盒，里面包罗万象，装在一个深红色缎子的钱袋里。1598年萨伏依（Savoie）的公爵有一个圆绿釉香料球，一面绘有一个栗子，另一面绘有玫瑰枝。另外，1575年时，麝香变得十分普遍，见识过的人嘲笑说，即便修士和教授都涂抹麝香。一个1685年的记录显示：意大利人和西班牙人离不开香水、手套和有香味的皮革，教堂里也由于使用香锭、香炉充满了香气。① 当时法国的情况也是如此，下一章会详述。

香料球是人们为了预防厄运而佩戴的众多护身符之一。在16世纪上半叶的尼德兰绘画中，这些香料球出现在祈祷者的手上、腰间或念珠上，表达人们想要远离魔鬼的愿望。一些细密画和油画中也表现了起同样作用的植物。② 这些精雕细琢的珠宝造型天

---

① Victor Gay, Henri Stein, *Glossaire archéologique du Moyen Âge et de la Renaissance*, Paris, Société bibliographique, t. 2, 1928, p. 155, 205–206, 254.
② Reindert L. Falkenburg, «De duiven buiten beeld. Over duivelafwerende krachten en motieven in de beeldende kunst rond 1500», dans Gerard Rooijakkers, Lène Dresen-Coenders, Margreet Geerdes (éd.), *Duivelsbeelden: een cultuurhistorische speurtocht door de Lage Landen*, Barn, Ambo, 1994, p. 107–122.

马行空：梨形、心形、带耶稣像的十字架、蜗牛形以及骷髅等形象等。在亨利四世的情人加布莉埃尔·德斯特蕾（Gabrielle d'Estrées）去世后，记于 1599 年的财产清单中有用 6 个金纽扣和钻石纽扣包着的两串香料、一条散发几种香味的金项链、一个梨形香料球和一个用金装饰的手形香料盒。① 玛丽·德·美第奇（Marie de Médicis）皇后 1609 年至 1610 年的珠宝单上显示，她拥有"一个珐琅、雕刻的金香料果，一个用来放香料的金坠子"，还有"一个装麝香和龙涎香的骷髅，用金银装饰，在盖子和花边处用 10 颗红宝石和 8 颗祖母绿装饰"。②

香料球不仅在贵族和富人中流行。正如之前所说，人们可以自己制作香料球：可以把丁香花蕾插到橙子和柠檬上，甚至插在一个用香料捏成的黏土球上。另外，基本的款式通常是金属材质的，很多人都购买得起。七星诗社的诗人雷米·贝洛在 1577 年去世前拥有"一个小而扁的香料球，饰以金线和一个小珍珠，价值 30 苏钱"。③ 这还是一个高雅且平价的香料球。一家开设于巴黎司法宫大厅附近、地理位置优越的手套商店，根据店主 1557 年去世时的财产清单可知，店内的库存有数量不明、超过 62 个香料球。这些货物与手套、念珠等货物一起估价，使（香料球的售价）不够精确：12 个香料球和 3 串小念珠，总价估计为 12 苏。向公众销售的香料球的单价很可能不高于 1 苏。而在 16 世纪 60 年代初，巴黎的

---

① André Chauvière, *Parfums et senteurs du Grand Siècle*, Lausanne, Favre, 1999, p. 21.
② François-L. Bruel, «Deux inventaires de bagues, joyaux, pierreries et dorures de la reine Marie de Médicis（1609 ou 1610）», *Archives de l'art français*, *nouvelle période*, t. II, 1908, p. 204, 214.
③ Madeleine Jurgens（éd.）, *Ronsard et ses amis. Documents du Minutier central des notaires de Paris*, Paris, Archives nationales, 1985, p. 234.

一个体力劳动者每天挣6苏，如此看来大多数有工作的人可以比较轻易地购买这位医生口中的健康必需品。①

在当时，使用香料球或香料包似乎对于驱除瘟疫必不可少。路易·居永（Loys Guyon）医生在1615年认为，如果不做预防措施，那么"空气中的有毒蒸汽"会感染心脏致死。他略带轻蔑地看待那些平民的信仰：每天早上出门前吃点大蒜、喝点酒；清早闻一闻厕所的味道；空腹喝童尿或自己的尿。为此，他还提到萨尔马提亚人对抗流行病时，在街上扔狗、马、牛、羊、狼的尸体，因为"这些可怕的气味可以驱散恶臭的空气"。对他来说，最有效的预防措施就是在头颈佩戴一个香料果，或者在胸口插一些芬芳的塔夫绸袋子。② 路易十四世的医生尼古拉·德·布莱尼（Nicolas de Blégny）提供了一个极好的香料球配方，要经常闻一闻：把苏合香脂、安息香、当归属植物根、鸢尾根、香省藤、肉豆蔻、三种檀香、龙涎香、麝香、西黄蓍胶（龙胶）都放入玫瑰水中做成浆。香包需要一直挂在胸口。他建议使用鸢尾根、油莎草、当归属植物、香省藤、檀香（白色的）、薄荷干叶、牛至、芦荟木、石竹、红玫瑰、龙涎香、麝香，把这些物质都磨成粉。他还推荐了一款预防或治疗瘟疫的药方：把粗盐、当归属植物、芸香叶、丁香花蕾和樟脑的混合物长时间冷泡在约1.5升的醋里；人们也可以用它来洗鼻、洗手、擦拭太阳穴等。他还补充了防御受污染空气的"胃石香脂"，

---

① AN, ET VIII, 530, 1557年4月27日,《巴黎法院的手套商让·比内死后的财产清单》，参见 Micheline Baulant:《巴黎16世纪的物价和薪水。来源与结果》，ESC 年鉴，第31卷，1976年，第954—995页。

② L. Guyon, *Le Miroir, op. cit.*, t. 2, p. 63 – 64.

在（疫情）危险时使用。它含有芸香精油、柠檬和橙子果皮、薰衣草、当归属植物、樟脑种子、琥珀油和肉豆蔻油。冒死出门前要涂一些在鼻腔里。

布莱尼这位好医生还向身患重病的人兜售更让人瞠目结舌的药方。他说，在七月酷暑天拿几个大蛤蟆头朝下吊起来，放在小火边，然后连同蛤蟆的呕吐物一起放在火炉里烤干。把它研磨成粉，做成小饼。用大量含阿片的复方软糖剂浇在饼上，然后把它放在小袋子里，敷在胸口。还有一种做法可以取得同样的效果：把大蛤蟆放在罐里在火上烤成粉，再泡在白葡萄酒里，每天早上在床上喝这种煎剂可以发很多汗。第三种药方要从蛤蟆的腿部把它掐死，腌了烧成灰，然后服用它的粉末。[①] 尼古拉·德·布莱尼医药先锋的事业虽然光彩夺目，可他的这些想法却十分黑暗，明显是用以毒攻毒的办法。因为以当时的观念来看，癞蛤蟆属于魔鬼的世界。人们都知道那些被指控使用巫术的人就在家养殖癞蛤蟆来制作毒药或巫术。这些称得上是黑魔法的合剂是否还提供给了朝臣，甚至太阳王（路易十四）来抵抗魔鬼的气息？想到这里让人不寒而栗。最好还是想象拉封丹所构思的《狮子、医生和癞蛤蟆》寓言正是从这些药方中得到了灵感。

---

① N. de Blégny, *op. cit.*, t. 1, p. 100-101, 110, 112-116 et t. 2, p. 16.

第六章

麝香香水

从文艺复兴时期开始，法国人和所有欧洲人一样，陷入了一种真正的嗅觉狂热。在两个多世纪的时间里，浓郁醉人的香水充溢着社交生活。麝香、龙涎香和麝猫香令权贵富贾和平民百姓倾倒，在宫廷尤为风靡。这不免与当时主流的简朴道德观念形成强烈反差——人造香被当作撒旦的陷阱，必然将人引入地狱。路易十四的个人经历恰好体现了这种矛盾：（人们赋予香味）他年轻时酷爱香味，后来却再也无法忍受。然而即使厌香，他根深蒂固的（用香）的习惯却难以改变。据说，他的挚爱曼特农夫人[①]（Madame de Maintenon）仍然佩戴茉莉香味的手套，只不过她声称香味来自别人，而这引发了她的敌人普法尔茨公主的讥讽。[②]

肆虐的瘟疫深刻地改变了当时的文化氛围。在医生的建议下，为了抵御被"魔鬼之息"传染的有毒空气，佩戴一层无法穿透的

[①] 曼特农夫人（Madame de Maintenon），原名弗朗索瓦丝·奥比涅（Françoise d'Aubigné），路易十四的第二任妻子。——译者注
[②] Annick Le Guérer, *Le Parfum, des origines à nos jours*, Paris, Odile Jacob, 2005, p. 133.

香味屏障成为合法且生存所必需的手段。人们在这种情况下怎能不爱香水呢?《香水商弗朗斯瓦》(*Parfumeur françois*, 1693)的作者巴尔布先生(Sieur Barbe)解释说,这一范例来自神,《旧约(全书)》指示了"主喜好气味"。而太阳王路易十四喜欢"看马夏勒先生(sieur Martial)在工作室中调制披在神圣的君王身上的味道。"①

医生与香物制造商迎来了一个巨大的市场。对外表的严酷要求迫使所有人用香味包裹自己。秘籍层出不穷,尤其针对那些希望一直时髦,并且祛除、掩盖衰老的贵妇。医生们提供了一些回春疗法,究其细节,它既反映出那个时代的忧虑,也揭示了一种不仅限于平民百姓所有的、极其巫术化的思想。药剂师变得不可或缺,香水手套生意也更加兴旺。他们雕琢动物皮革(比如狗皮),用防腐香料加以处理,从而掩盖了(动物的)死亡,并使之成为隔离一切(人类)皮肤传染接触的防御物。他们所配制的繁复配方来源于被香味升华了的死兽,传递出情欲的讯息,同时也掩盖了人体的臭味,防御接触到潜在的危险气味的携带者。在臭气熏天的几个世纪里,气味从来没有变得如此重要。也许是为了回避生命的不堪一击与(莫里哀所取笑的)医学的一无是处。嗅、用力嗅,还是毁灭?这在当时是一个问题。

回春泉

"气味"一词频繁出现在路易·莱默里(Louis Lémery)于

---

① Barbe (le sieur), *op. cit.*, «Au lecteur», 无页码。

1702 年出版的《论食物》(Traité des aliments) 一书中。[①] 在这个时期，就饮食而言，几个主要修饰词界定了"气味"概念的语义范围。饮食的气味可以是好闻的、宜人的（柠檬、八角茴香、肉豆蔻、地榆、松露）、美妙的（南美巴巴多斯岛橙子花）、精致的（橙子花、青梅）、强烈且宜人的（薄荷、百里香、罗勒、葡萄）、芳香的（茴芹、咖啡、茴香、开心果、香芹、薄荷、百里香、罗勒）、辛辣的（母株肉豆蔻）、强烈且难闻的（发酵过的豆子或蚕豆、煮过的花菜）、臭的（吃过芦笋后的尿）、恶臭（香菜）。大蒜独立于这些气味的分类，因为"它的气味可以驱蛇"，解酒效果好；在海上，大蒜可以抵抗脏水或腑水，以及不新鲜食物的腐蚀。作者使用了大量诸如此类的术语来描述口味，尽管他创造了一个 8 种口味分类的理论：苦、酸、辣、咸、酸涩、寡淡、清甜、油腻。路易·莱默里医生谈到了蒲公英宜人的苦味、醋刺激的味道与黑加仑子难闻的臭味。他把洋葱、小洋葱头、生姜归到辣的类别中。咀嚼当归属植物的根茎来抵抗瘟疫十分灵验，18 世纪的增订本中还解释了这样做可以产生一种肉香和一种掺杂麝香的龙涎香滋味。

由此形成了一个较为明晰的各种气味名单供人使用。只可惜，无论是提供医学建议或美容秘方的作者，还是储存必备药品的药剂师都很少使用它。安布鲁瓦兹·帕雷医生斥责"邪恶的毒药与香水制造者"，他们掩盖苦味，将有甜味的东西掺进（有毒物质里）祛除其难闻的气味。[②] 连专家都被蒙骗了。当时有名的十几种毒物的气味

[①] Louis Lémery, Traité des aliments, 3ᵉ éd., Paris, Durand, 1755, notamment t. 1, d'où proviennent ces notations; p. 481 au sujet de l'ail et p. 500–501, 关于当归属植物的文章。

[②] 引自 A. Biniek, op. cit., p. 161–162.

并没有被明确描述：如砒霜、氯化汞、密陀僧、雄黄、生石灰、雌黄、嚏根草、毒芹、蛇毒液与蟾酥。其中一些甚至还被用在美容配方里。比如美白皮肤用的童贞乳①里就含有密陀僧，并由此配出一个清洁面部的药方，其危害可想而知。②

美容秘方在法王路易十四在位时期盛极一时，使用者多是贵族妇女，在一个注重外表的社交圈里，她们对自身魅力的过早凋零感到焦虑。根据于1669年至1698年间发表的4本著作的分析表明，当事人的主要困扰与面部有关：在编录的189个药方中，58%用于面部。其次是头发（14%）、手（10%）、牙（6%）、胸部（3%）、嘴唇（2%）。③最详尽的美容论著出自国王的医生尼古拉·德·布莱尼，他写的108条批注中有52条关于面部、18条关于头发、14条关于手、6条关于牙齿、6条关于胸部。

路易·居永医生早在1615年就偏爱完美的肤色："它带给人的优雅是其他美丽无法比拟的。"他明确地指出："完美的肤色主要取决于三点。第一，鲜活的气色应当是白里透红的，如浅红色的玫瑰。第二，每个部分的颜色均匀、鲜活、光滑。第三，脸部肤色要纯净、分明、纤薄、透明。如果不具备上述任何的完美特征，那便称不上是标致、美丽的面色。"在他看来，最丑的肤色包括"有瑕疵的颜色"或被晒黑的肤色；继而是坑坑洼洼、有裂痕、皱纹、脓疱、雀斑、肉赘、患天花留疤的皮肤；还有粗厚、"肮脏"的皮

---

① 童贞乳在当时是指一种含有秘鲁香脂、安息香、龙涎香和麝猫香的化妆品。——译者注
② A. Chauvière, *op. cit.*, p. 81 et N. de Blégny, *op. cit.*, t. 2, p. 404, 408.
③ A. Biniek, *op. cit.*, p. 97 – 109 (ouvrages de Pierre Erresalde, Nicolas Lémery, Nicolas de Blégny et anonyme de 1698).

肤，尤其当它是油腻、汗津津或受感染的。① 作者无意间定义了女性魅力的范式，今天的生物学家认为这种范式对解释伴侣选择机制极为重要。男性的注意力无意识地集中在相貌上，因为完美的相貌反映出对方免疫系统的完好无损。任何瑕疵都自动构成一种负面信号，它意味着有一种生育失败的风险。女性大概也十分注意同类信息，可能还要评估潜在伴侣释放的体能。但从头到脚被打量的是女性，观察她们的人生怕上当，没能识破她们掩盖的障碍或真实的年纪。

这种范式是极为残酷的。它不容许女性衰老。人们推崇的原型是七星诗社诗人迷恋的花季少女。在宫廷这样角逐最激烈的地方，对于过了30岁的女性，甚至20岁出头的女性而言，唯一的得救方法就是化妆手法。我们因此更理解在那个时代的虚构中常常出现年老的女性可怕的气味，并且集中以被处以火刑的女巫的形象来象征。只有含苞待放的玫瑰才有醉人的芬芳。女性在剩余的生命里试图阻止时间流逝，并不惜冒着损害健康的风险，因为这些不幸的女人在绝望中不懈坚持的药方只会使她们更快衰老、更难闻、冒巨大危险。然而她们除铤而走险，迷信江湖医生所声称拥有的回春秘方之外，别无他法。对永恒青春的无尽追求绝不仅仅是20世纪最后30年在美国加利福尼亚产生的文化现象，十六七世纪的欧洲也是如此。不同的是，当时（对青春的不懈追求）并不聚焦于身体。不仅是由于彼时严厉的卫道士加固了不得公开袒露身体的习俗——在路易十四时期，在河里裸泳的人甚至会被警察抓捕。其关键原因

---

① L. Guyon, *Le Miroir*, *op. cit.*, t. 1, p. 331–332.

还是在于保持与他人的距离并且拒绝皮肤接触（除了情色经验）关系到人是否可以活命，这些做法成为抵抗瘟疫的防御机制。于是，注意力集中到了面部，其次是手部。奇怪的是，最带有个人身份特征的部位（脸部）却在上流社会中演变成被反复涂抹的夸张假面。在与衰老的抗争中产生了一些涂脂抹粉的鬼魅，每个都大同小异，带着青春的特征却只能被远远打量，就像弗朗西斯科·戈雅描绘的《老妪》（*Vieilles*）（1808—1812 年）那样。①

女性之美如同脸正中间的鼻子。理想的女性应该拥有雪白、光洁的肌肤，它不能过于苍白，也未被晒黑，微红、光洁，也就是说有青春气息。皮埃尔·艾莱萨德（Pierre Erresalde）为此提供了简单的配方，内含一种"让脸蛋看上去像 20 或 25 岁的神仙水"。过了这个年纪，熟女就很难减龄了，因而该在最有吸引力的巅峰时刻冻住自己。配方中含牛脚、河水、白面包屑、新鲜黄油及蛋清。想要达到同样效果的话，作者还建议使用白百合的蒸馏液、白蜜瓜汁，或掺了蛋壳的驴奶。这个时代的医学思维大体通过类似巫术的效果来运作。各配料中的白色被认为能使肤色变浅。并且，留住青春要食用新鲜、有生殖力的食物，比如鸡蛋。然而配制起来却一点儿也不简单。面部色斑，以及列表中汇集的所有能想到的面部缺陷需要以升华提炼的银粉、铅白、硫酸盐来治疗，并且一贯建议使用密陀僧漂白皮肤。"要美就要受罪"这个说法从没有如此贴切过。社会压力迫使风雅的女士化妆，尤其在宫廷之内，"如果她衰老，她就失去了魅力"，特别当"皱纹开始爬满身体"，一位讽刺诗人在

---

① 法国里尔美术馆（Musée des Beaux-Arts de Lille）。

1624 年这样写道。①

1650 年出版的喜剧《可笑的继承人》,剧作者保罗·斯卡龙（Paul Scarron）冷酷地描写了欺骗渴求回春泉的绝望女人们的疗法：

> 您对贵族女士们不吝讥诮，
> 我本可以像她们一样美。
> 人们常说，这些贵妇人身上，
> 有白粉、珍珠、蛋壳、猪膘与羊脚，
> 香脂、香乳，还有其他十万种药。
> 白樱桃一样光溜溜的秃头，
> 映照爱情，那伪劣的诱惑，
> 炫耀不曾拥有的美丽。
> 脸如机器编织的割绒地毯，
> 身体三分之一在妆容的掩饰之下；
> 另外三分之一装进高帮皮鞋，最糟糕的三分之一裹在衣服里：
> 只有别人的福利才能扮靓她们。
> 她们自己拥有的，
> 唯有松垮的肉体、发酸的腋窝、浊臭的口气。
> 她们如此赏心悦目的秀发，
> 来自另一块地皮。
> 这些通常是移植过来的草，

---

① 引自 A. Biniek, *op. cit.*, p. 105–107, 110.

第六章 麝香香水

精心装在秃掉的头上。①

不过，当我们阅读了路易十四俏皮的御医——尼古拉·德·布莱尼的建议后，会发现现实超越了想象。②布莱尼医生调制的药剂味道可不好，自然气息浓郁。在长达 16 页的药方中，他使用了大量的动物与人类的排泄物，还在 27 种配方中使用了人尿。狗油膏用来治疗伤口、溃疡、牙疼和腹痛。要用锤子从狗的头部一击致死，然后以锦葵、荨麻、接骨木、白葡萄酒把它煮熟，末了加进去五六斤蚯蚓。（他认为）同类物质可以产生同类的效果，这或许解释了为什么非要敲碎动物的头骨来宰杀它——把令人作呕的煎剂涂在太阳穴上，便能平息剧烈的牙痛。相比之下，去疣子就容易得多，用浸过狗尿的腐土（抹抹）就行了。而捣过的狗尿用醋与泽泻化开，包治腹泻，条件是制成温热的糊剂服下，臭是臭了点。流鼻血的话，用捣开的驴粪为主要成分的液体，掺上车前草糖浆服下，想必是为了调和口味与气味。人们还可以在火铲上晒干新鲜的猪屎，磨成粉、加热，然后吸入。我们时代的瘾君子们也许觉得这种"粉"很脏？要是在烧酒中用硼砂溶解石头，再加入老尿罐的积垢，将其溶解在酒里，给病人服上 14 到 15 天，准保奏效。这至少能让酒鬼少喝点？要治疗气胀水肿和憋屁引起的小腹肿胀，应该让人待在干蒸室内，在烧热的石子上浇上健康人的尿。病人——很少如此名副其实（patient，法语中既表示病人也表示耐心的人）需

---

① Paul Scarron, *L'Héritier ridicule ou la dame intéressée*, Paris, Toussaint Quinet, 1650, acte V, scène 1.
② N. de Blégny, *op. cit.*, t. 2, p. 13, 386, 335－443, 470, 525, 531－534, 585, 621, 643.

要嗅着蒸汽来发汗,"让这个香味持续到他开始感到煎熬"。称它是臭味恐怕更合适。

路易十四在1682年如此依赖这位极富想象力的医生,他是否曾经亲验过他的一些奇思妙想?一些阴险之辈称这极有可能。1693年,布莱尼医生因贪污被捕,很久之后因失宠而死。无论如何,路易十四在他的药方中找到了治愈遗传性狐臭的法子。他的祖父亨利四世曾饱受此病折磨,弗尔纽女侯爵夫人(Madame de Verneuil)有一日曾对他说:"您臭得像尸体"。而太阳王的第一任医生珐共(Guy-Crescent Fagon)披露路易十四有脚臭。① 布莱尼医生建议他常用含有明矾的热水洗脚,他还提供了一些除腋臭的办法:用葡萄酒煮的洋蓟根茎制成糊剂;用蓟的根茎制成药膏;用薄荷叶制成粉;还有用没药的叶子与液体明矾为主要成分制成搽剂。他的论著中还提出了一些平常的替代性建议,大多以植物为主要成分及一些让人浮想联翩的神奇药物。比如用山鹑的脑仁填补牙洞来止蛀牙的疼痛。如果弄不到鸟,或很难填补,那就拔掉一颗死人的牙,时不时用它去碰击蛀牙,直到它被碰碎掉下来为止。

这本著作中编录了几十种美容方子,都属于同样性质,多少有点臭。它们肯定大获成功,布莱尼在失宠前的显赫地位可以说明这点。他推荐了许多"滋润、保养细腻面色的护肤水"。其中一种是由白醋、硼砂、乳香、芦荟、蛋白和蛋壳,以及隔水炖提炼出的牛胆汁制成的,它为皮肤带来光泽与光彩。另一种"滑石水"则源

---

① 奥古斯丁·加洛潘:《爱情中的女性香水和嗅觉》,第208—209页。卡特琳·亨利埃特·德·巴尔扎克·恩泰奎斯生于1579年,在1599年成为亨利四世的最爱。他和她孕育了两个合法地位的孩子,并授予她维尔纳叶女侯爵的身份。

自养殖在罐子里的蜗牛、盐和醋。这些蜗牛在3个月内每天吃一勺滑石粉，然后被捣碎、蒸馏。"为了缓和水的臭味"，除糖以外，有必要再加一小包麝香与龙涎香。令面部光滑洁白的药剂需要两只被剖腹拔毛的鸽子、松脂、新鲜鸡蛋、柠檬，还有一点蒸馏过的麝香，以使气味变得稍微好闻。供优雅女士使用的干的维纳斯手帕，制作时把烧成灰的白垩浸在酒精里，或用含有明矾与铅白的合成物。他还建议使用化妆油，主要成分是被醋或猪膘溶解的珍珠。还有一种油，是用新制的白葡萄酒溶解最肥腻的猪膘做成的："它美白脸部的效果堪称完美。"

其他"增白粉与灵药"，比如"对脸色有奇效的珍珠粉"的制作需要将珍珠、白色或浅色珊瑚磨成粉，将玻璃锡捣碎并用硝镪水溶解。制出的粉末需要被反复水洗，直至硝镪水的气味消失。然后将它混入膏剂，或是溶在睡莲、百合及其他花制成的花水里。有个民间偏方，以抗斑及防晒著称的"美容牛胆汁"：里面加了明矾、磨成粉末的玻璃盐，在5月的太阳下面晒15天，然后加入磨成粉的白瓷，再放进由醋醇、硼砂、青蛙精液（也没说用什么法子采集）、樟脑、汞与冰糖制成的混合物中溶解，最后再拿到阳光下晒上10天到12天。早起去田里干活的时候抹在脸上，晚上再洗掉。还有一种美容水可以祛斑，其成分是6只去了内脏的小奶狗与牛血混合后的蒸馏物，或者与被浓醋浸泡的鸽子粪、碾碎的亚麻种子和大麦粉一块使用。要使气色红润，最好使用在蒸馏醋里煮好的红色檀香，加一点明矾。巴西木、明矾、醋与柠檬也同样被用来红润面色。

女人们最大的社交快乐与最大的身体不幸在布莱尼医生的书中

一应俱全。书中讲了脱毛、增肥、使指甲或胸部无可挑剔的办法；把头发、眉毛或男性的胡须染成金色、黑色、银色或棕红色的方法；用珊瑚、鹿角、浮石与墨鱼骨做的美白牙齿的牙粉。他还列举了几十种去脂、软化手部皮肤的乳膏以及手部美白水。另外还有5条关于制作美容手套——用橘子花、玫瑰或茉莉花沁香的建议。谢顶或脱发的人会在此书中找到福音，即使这些药方并不总是那么可口。医生建议在锅子里烧干蜜蜂，混上亚麻种子灰，然后把这些全部倒入煎蜥蜴的热油里，混煮并在太阳下晒20天。如果想让头发快速长长、变得厚实，就要把这种油涂抹在头部想要生发的部位。此外还有增发的一个变异药方：将蜗牛、小苍蝇、胡蜂、蜜蜂、蚂蟥与烧过的盐放进一个带孔的罐子里，储藏在地窖中，然后透过小孔采集"稠腻的液体"，再把它涂抹在脱发处，加以按摩。没必要为这些方子背后隐藏的意义而挠头苦思冥想。它们自有魔鬼的气质。因为所需的这些造物，如蜥蜴被当作本能生殖的产物，属于魔鬼的界域。撒旦不仅存在于细节当中，它还渗进了毛发。虽说这些液体油腻但却没有提到任何其气味的信息，它很可能是一种不太符合（天主教）道德规范的美妙气味。

　　这些老一辈的美容与健康专家的承诺往往落空。他们兜售永葆魅力的幻觉，妇人们要么（强迫自己）相信，要么陷入绝望的黑暗之中。他们捧出妙手所得的回春泉，似乎与她们分享不可言喻的秘密，而它有时却臭气熏天。除一些只以花朵、植物为主要成分的药方以外，这些书中记录的许多配方都臭得可怕。制作这些所谓的灵丹妙药会使作坊、药店，包括许多客户的宅邸变得臭气熏天。尽管可以用气味强烈的香水来掩盖，但富人的气味比穷人臭得多，因为穷人没有钱来追逐潮流。更严重的是，女性从青春期结束后就为身体的衰老感到焦虑。贵妇们越是为保持永恒青春的模样、为受诗人赞颂的馥郁芬芳而努力，她们就越是在脸上、头上、手上，甚至更私密的地方滥用有毒物质，继而损害自己的健康。实际上，引起疾病和衰老的物质中还额外平添了难闻的气味。这些俘获女性顾客的医生与莫里哀所嘲笑的答丢夫（Diafoirus，《伪君子》中的人物）无异，她们乖乖地尝试的药方与天主教对于肉身的消极看法有关。理想中白里透红、光洁柔滑的脸蛋，难道本质上不是一种基于男性福利之上对少女贞洁的定义、对美满婚育承诺的宗教幻想？然而（沿着这样的思路）之后一切都会变糟，她们终日以泪洗面，每况愈下，煎熬至死。医生们至多只能把时间的蹂躏隐藏起来。在这方面，医生常使用一种类似巫术的思想，有时还略带一丝魔鬼的气味。他们提供的药方包含排泄物、恶心的动物与毒药。他们用同样的方式对抗瘟疫，在女性身体可见部位裹上一层香气。然而为爱美女士们精心制作的香味护甲的特点是又臭又香的气味。臭是因为其中含有动物和矿物成分，香是因为有辅助的醉人香水。靠近这些女人时也许闻到的不是爱情而是死亡。香水尾调里的麝香欲盖弥彰，反倒凸显妆容的霉臭、身体疾患与衰老的馊味。是否有必要隔开一段距离才能观赏这种幻象？因为没有人近距离看还会一直上当。至少，我们可以认为这种外貌策略饱含强烈的社会含义。女性的生命难道不是这样被分割成了两个不平衡的部分？一部分是稍纵即逝的青春承诺；另一部分是对不再年轻或不曾年轻的无尽悔恨？

这些做法显示出人们对女性衰老的绝对否定。宫廷交际花要假扮自己。由此看来，收拾发型比美白皮肤要容易得多。这也是为什么当时的卫道士谴责用死人头发，斯卡龙（Scarron）嘲讽移到秃头上的假发。然而两性都对假发着迷。年轻女孩与妇人的青丝秀发被当作一种视觉与嗅觉的诱惑，吸引男性注意，使他们不去留意乏味的假面。1630 年，流行的假发分三部分：上部一个发髻，叫筋头；前额上的刘海，开始是短的，后来变成卷的，有时中分，叫"葛赛特"（garcette）；两边的卷发垂至耳朵。男性欣赏的目光聚焦在发饰上：羽毛、蝴蝶结、宝石、发髻上的发卡。何况这些美人儿扑了粉的假发刺激嗅觉，激发欲望，她们在假发上用了鸢尾粉、块菰粉、塞浦路斯粉、麝香葵粉。七星诗社的诗人们心仪的动人少女有着一头金发（即使是假的），头颈处缭绕幽香。这些惯例延续到路易十四世时期。奢侈品变得愈加迷人：珍珠、钻石、宝石让女士们闪闪发亮，而从动物身上提取的催情香水被认为会让她们无比性感，尽管她们涂着厚重的脂粉。[①] 佩戴的闪耀首饰恐怕也只有散发的迷人香气可以媲美吧。宫廷礼服的下摆更加宽大，出于仪礼而留出的个人空间也更宽裕了，这使人们无法靠近去领略这些美妙艳丽的洋娃娃的气味。她们身上还藏着祛除腋窝酸味的香包与药呢。

自 1572 年，女诗人玛丽·德·罗米厄（Marie de Romieu）披露了美容秘方的危害。她不拘一格地受到一本意大利著作的启发，构思了一对母女间的对话：

女儿：我听到有一些西班牙红白氮化汞与所有这类脂粉，

[①] Sylvie Clouzeau, *L'Art de paraître féminin au XVIIe siècle*, mémoire de DEA sous la direction de Robert Muchembled, université de Paris-Nord, 2002, p. 67, 以及文件 7, 和文件 11（女性服装）。

您觉得用这些不好吗?

母亲:女儿,请你像对待瘟疫一样远离它们,一旦你习惯使用这些东西,到30岁,你会非常惊讶于自己的衰老与全身的皱纹。你会立刻染上持续的口臭,牙齿变黑、腐烂(它们是美貌主要的装饰),这些都会让你非常难受。你会经常牙痛,不得不把牙一颗颗拔掉。两边的牙齿掉落后,你的脸颊不再饱满。门牙掉了以后,你只能假装成小嘴,勉强抿住,不敢笑,否则要用手捂住。还常有一些药品会使人失明,或让你看不清,整个身体的健康会因此受损。[1]

医生们当然知道这些毒药的慢性危害,尽管如此,指望永葆青春的女性仍对这些有害的身体护理趋之若鹜。追求青春永驻的文化压力迫使她们求助香水制造商,用诱人的气息掩盖身体的衰老。

龙涎香、麝香、麝猫香

第一本法语香水制造手册于1693年出版,其作者巴尔贝先生在给读者的致辞中提到,他的创作目的是给没有香水专家的城市的浴场老板和假发商贩提供些许帮助。香水制造业的热门产品是龙涎香、麝香和麝猫香。它们和之前提到过的许多成分一样,产自国外,例如阿拉伯的安息香和苏合香脂,或秘鲁香脂,在香料店有售。然而这三种香料极其重要,一时出现了许多与它们有关的传奇

---

[1] [Marie de Romieu], *Instructions pour les jeunes dames*, Lyon, Jean Dieppi, éd. de 1573, p. 28–29.

故事，证明了它们在当时的社会中拥有巨大的神话力量。作者胡乱造宣称龙涎香是海上的一种泡沫；麝香取自一种异域动物，在它奔跑时将其捕获，戳刺取血，再将血袋放在太阳下晒干来获取香料；麝猫香则取自一种类似石貂的动物，人们把它关起来，四面放小火炉烤它使它出汗，然后用象牙刀从它的腋下或大腿内侧收集汗液。汗液最初是白色的，后来变成了金黄色的物质，气味浓郁。作者提到这三种物质没有一种是可口的，也不适合涂在身上，只能在合剂中少量使用。不过要让皮肤和手套散发香味，除香水及温和的精油以外，它们必不可少。出于谨慎，巴尔贝先生拒绝提供美容建议，因为"没有不伤害脸蛋的香脂"。对此，我们应该已经很清楚了。[①]

如今的香水专家会在一种香水中分辨三种相继的调子。所谓的前调，来自第一印象，转瞬即逝。接下来的中调，来自花香和果香的配方。最后是尾调，它的香气虽没有之前的调子那么强烈，但更加持久，并创造一种强烈的记忆体验。它来自树的精油（没药、檀香木……）及动物制品（天然或合成的）。在现有知名的传奇配方中，香奈儿5号（Chanel n°5）的中调主要是茉莉与玫瑰香型。而娇兰的"一千零一夜"香水则因其含有香脂及零陵香豆（feve tonka）的尾调而彰显性感。十六、十七世纪的香水的尾调都浸透了来自动物性腺分泌物（巴尔贝先生并不讨厌它）的兽性气息，由它夹带其他香气。很难想象有什么能比这些气味制造的性吸引力更强烈的。让·利埃博医生不是就这样建议过，想要生男孩的话，

[①] Barbe (le sieur), *op. cit.*, «au lecteur», «remarques» initiales et «avertissement»，以及关于提到的配方的《劝告》。

就选择一间明亮的、装饰着怡人的男性人物画的房间，在一张熏过"麝香、麝猫香、塞浦路斯小鸟香与其他香气"的床上交欢？①

或许只有凭借香水制作者出色的嗅觉才能接近这些已经成为过去的醉人香水，甚至真正重制它们。他们是否还能顺便验证路易·居永在17世纪初提出的医学理论是否正确？居永认为麝香或麝猫香的"热气"会渗入大脑，治愈头痛。② 我们不禁想问，（如今）含有麝香的十几种替代性的合成香水是否有着同样功效？龙涎香来自抹香鲸体内保护胃的油性液体。海狸香来自加拿大、俄罗斯的海狸腹部液囊。尽管十六、十七世纪的法国制帽商人将动物皮毛变为一种时尚，然而当时的香水配制间里竟没有海狸香。麝猫香是从埃塞俄比亚猫的性腺提炼出的蜜一样的分泌物。麝香产自亚洲麝科动物或麝鹿的腺体，它红得像肉冻一样。雄性麝科动物在发情时可以分泌30多克麝香，存在腹囊中。过去，必须宰杀这些动物才能获取珍宝，因而麝香至今都十分昂贵。女性似乎能察觉哪怕是微量的麝香，一些人解释因为它麝香与睾酮、类固醇近似。像其他三种动物物质一样，麝香唤起人的性欲。过去不计其数的用香者不会否认这一点。至于麝猫香，它最初带有明显的粪便气味，经过精妙处理后才变成了让人眩晕的气息，具有了性欲的刺激性。③ 尽管如今我们淡忘了麝猫香，它却在法国的香烟店双红锥形象的招牌中遗留了下来，它有时还是香烟店

---

① J. Liébault, *Thrésor des remèdes*, *op. cit.*, p. 577–578.
② L. Guyon, *Le Miroir*, *op. cit.*, t. 1, p. 60. Il en dit autant de l'encens, du myrrhe, de la menthe, de la sauge, du safran et du storax.
③ 引自 D. Ackerman, *op. cit.*, p. 12–14.

的名字（la civette），让人想起它原来曾被用来调制烟草香。巴尔贝先生建议，为避免在操作过程中损伤它的效力，动作要轻。我们也许发现这里面有纵欲的危险，调过麝香的情色尾调是否让人想起了吞云吐雾的乐趣？

香水业在十六、十七世纪时并不是独立存在的。用香水需求早在十二、十三世纪时就已显露，巴黎的手套师们被明确获准使用、供给香味。[①] 他们的身份在1582年得以更新。但此时他们与服饰配件商的竞争十分激烈，后者不但做香水生意，甚至要求获得"香水师"名号的特权。1594年做出的一项裁定没有满足这一要求，而是给予服饰商"沁香、清洗、装饰商品的权利"。20年后，一项皇家判决于1614年1月裁定准许"手套师"另外拥有"香水师"称号，同时禁止他们出售非自制的产品。在瘟疫的巨大助力下，人们对香气的热爱促进了这个行业的重大发展。这依赖当时的名流，如内·乐·佛罗朗丹（René le Florentin），这位香水师、从某种程度上也是下毒者。他在1533年与凯瑟琳·德·美第奇（Catherine de Médicis）一起来到法国。还有国王哥哥的内室仆人兼香水师马夏勒（Martial），他曾向年轻的路易十四提供建议。而玛丽·德·美第奇（Marie de Médicis）雇用了另一位意大利香水师阿尼巴勒·巴斯盖贝（Annibal Basgapé），他在1632年受到表彰。像这样有名望的职位常是家族世代相传的。1686年的皇家礼服香水师是皮埃尔·勒·列弗（Pierre Le Lièvre），到了1740年，克劳德·勒·列

[①] 引自奥雷莉·比尼耶克、罗贝尔·穆尚布莱（指导老师）：《16与17世纪的气味与芳香》，第133—147页中极好地概括了这一议题，并细致地评论了1656年的条例。

弗（Claude Le Lièvre）成为国王香水师的继任者，1750年2月1日，职位继承给了艾丽·路易·勒·列尔弗尔（Élie-Louis Le Lièvre）。①

1656年3月18日生效的章程保证了手套师兼香水师的特殊荣誉。他们被获准加工所有的皮革与布料。在4年中，他们只能招收一位学徒。倘若学徒不是师傅的儿子，在出师前，他必须以伙计身份为师傅效劳3年。学徒的进门考试是制作一副露指尖手套（mitaine）和4副手套，经过沁香、染色，符合手工艺规范。第一副全指手套需用水獭毛或同类动物的毛皮，附装饰与内衬。另外要求用狗皮或其他动物皮制作整件的猎鹰防护手套（gant à porter l'oiseau），以及整件带内衬的弧形手套。最后，还有女式山羊皮露指手套以及男式绵羊皮弧形手套。未再婚的寡妇被准许继续经营店铺，但不能制作手套。手工师傅可以售卖龙涎香、麝香、麝猫香或其他"气味强烈的香料"，以及经过清洗、沁香与漂白的皮料。手套师兼香水师行业的行会坐落于巴黎圣婴教堂（église des Innocents）的圣安娜礼拜堂（Sainte-Anne）。圣玛丽-马德莱娜（Marie-Madeleine）与圣尼古拉（Saint-Nicolas）也是这个行业的保护主。这个行当需要开阔的空间：摊店、仓库、作坊、配制间（锅炉、旋管、压榨机、研钵、炉、锅……）我们会在下文中看到，一些师傅只制作手套，甚至只专业加工某几类皮革。巴黎聚集手套师兼香水师的街区包括圣日尔曼欧塞尔（Saint-Germain l'Auxerrois）、圣厄斯塔什教堂（Saint-Eustache）、圣雅克塔（Saint-Jacques）、兑换

---

① AN, ET XIII, 15, 1632年4月19日，引自阿尼巴尔·巴斯加贝。AN, O¹ 31, f° 9 v°, 1686年，皮埃尔·勒·列尔弗尔（Pierre Le Lièvre）；O¹ 84, f° 172 r°, 1740, 克劳德·勒·列尔弗尔；O¹ 94, f° 22 r°, 1750年2月1日，埃利·路易·勒·列尔弗尔。

桥（le pont au Change）、西岱岛宫（le Palais dans l'île de la Cité）和圣叙尔比斯教堂（Saint-Sulpice）。

卡纳瓦雷博物馆（Musée Carnavalet）收藏的一幅佚名版画细致地描绘了一位香水师的时髦装束，他的形象是17世纪末盛大的香水艺术的隐喻。① 这位男士头戴一个香料匣，散发馥郁馨香。从这幅彩色版画上明显可以看出他的假发也布满香料，面部施了白色脂粉。这说明当时体面的男士也要涂脂抹粉，拒绝粗鄙的深色肤色。他的双肩装饰着香扇，全套衣服也一定散发着香味。除了上妆的脸，没有一寸皮肤暴露在外。这个密封的香味铠甲阻挡染了瘟疫的空气钻进体内。有色版画也让我们更清晰地看到他佩戴着一副与面色相衬的浅色香手套来保护双手。香水手套师的行会徽章上也出现了这副手套，伴着一句铭文，"天青底色上有一只银手套"。在版画的另一个稿本中，徽章上出现的是香料匣，题铭则是："银色底上三只红手套，（徽章）上方的蓝底上有一只古典的金色香料匣。"画中人物一手拿着布洛涅的圆形香皂，另一只手拿着有口皆碑的西班牙皮革。他的胸前放着一只4格的小多宝柜，从高到低摆着各种小瓶精油、罗马和佛罗伦萨香膏、那不勒斯香皂、淡香水、百花香精（主要成分是之前谈到的奶牛粪，还有一点麝香）、匈牙利女皇（蒸馏烧酒与迷迭香花）、橙子花。衣服下端还挂了许多其他产品：长手套、烟草、雪松、马耳他香料、口服或用来焚烧的香锭、西班牙蜂蜡与胭脂、胭脂杯（装在一个瓷杯内的胭脂）、爱神木水（今天人们仍用

---

① 香水师的服装（*Habit de parfumeur*），巴黎：卡纳瓦雷博物馆（musée Carnavalet）。这幅作品还有一幅彩色的版画，创作于（约）1700年，也许是尼古拉斯·保纳特（Nicolas Bonnart）（1637年？—1718年）的作品。

它来抗皱)、塞浦路斯粉(主要含安息香和麝香)、天使香露(安息香、玫瑰、龙涎香、麝香……)、茉莉粉、科尔多瓦水(天使香露的一种,含有玫瑰水)。巴尔贝先生补充说,天使香露或科尔多瓦水中可能添加了龙涎香精油,很适合搽在手上与手帕上。最后,画中人高雅的皮鞋肯定也沁了有预防功能的香气。不过皮鞋并非由香水师制作与销售的,而是由鞋商,就像其他很多有香味的皮革用品都是由鞣革商与专业手工艺人提供的,包括(法国 12 世纪到 17 世纪的)男士紧身短上衣、口袋、皮夹、腰包、包袋、法国 17 世纪男士齐膝紧身外衣与礼袍的衬里、腰带、马鞍……另外,巴尔贝先生建议给装在各种盒子里的假发沁香,并把两天内必需的全套衣物分装在气味柔和、幽香的小箱子里。[①] 前文已提过"香囊(coissine)"的使用,或者是常佩戴在身上、符合身体器官形状的香料袋。巴尔贝先生偏爱用紫罗兰香装香袋。至于室内,即便不是为了抵抗瘟疫,人们也是沉浸在香氛之中。这些香气来自三脚香炉、悬挂在天花板上的垂吊香炉、焚烧的香锭、易燃的塞浦路斯小鸟香粉、藏在用于室内装饰的人造鸟内部的香粉、铺在地上的花与枝叶,以及芬芳泉池。人们有时会使用盛玫瑰水的水壶清洗手指,这在 16 世纪或许还不常见。宴会上的宾客为避开难闻的气味,用穿孔的小指环或洒圣水器洒一点细细香雨,将自己隔离在一个透明的芳香气泡之中。[②]

手套香水师工坊一瞥

在那个时代,人们排斥水,认为水会危害健康。关闭蒸汽浴室

[①] Barbe (le sieur), *op. cit.*, p. 76–87.
[②] A. Biniek, *op. cit.*, p. 149–161.

与性病的蔓延有关，也说明了这一观念。卫生对于当时的人完全不是一个可操作的概念。[①] 想象一下，当时人们的身体藏污纳垢、滋生寄生虫、时常感染难以治愈的疥疮。人们为了治疗疾病才十分节省地使用肥皂及沐浴。当时大部分博识者或医生都认为肮脏，特别是新生儿的脏头具有保护功能。可想而知，如果人或环境没喷上香味，那么靠近他人是怎样一种超乎寻常的考验，这感觉简直比在高峰时间挤地铁还糟糕。常去香水手套师那里补充香料如同必须勤换白色内衣一样，变得十分必要。那时最难以忍受的恐怕不是城市里可怕的臭气，而是邻人的体味。何况我们之前提到过，最可怕的臭味常常是静滞的，一刻钟以后人就不觉其臭了。在住家或作坊里，人们一般也会习惯待在里面的人或香或臭的气味。然而飘荡在街头巷尾、凡尔赛宫的内室和花园，或是城市公共空间、旅馆中千丝万缕的气味则不然。虽然人的不适感会因上述原因而减弱，但它会随着人的流动而不断再生。幸亏有香水手套师制作的解药来舒缓受刺激的鼻子。原被研制用以抵抗瘟疫的香水在日常生活中变得更加重要了，因为它令空气变得可以嗅吸。

　　药剂师们售卖制作香水所需的产品。他们离世后，一些药剂师经营的物品清单状况反映出他们甚至可与专业香水师的媲美。巴黎的香料商、药剂商杰安·艾沙（Jehan Eschars）在 1514 年拥有玫瑰、蒜藜芦或黑白喷根草、百里香、小豆蔻、青金石、美容配方中的纯绿宝石、甜杏仁、药、不明药物、香脂、蒸馏水以及可以用来制作香水样品的圣饼的模子。他的同行罗贝尔·卡里尔（Robert

---

[①] G. Vigarello, *op. cit.*

Calier）在 1522 年销售香水师所需的所有物质，尤其是铜绿、乳香、密陀僧、珊瑚、苏合香脂、阿魏、硫黄、麝香。他还存有各种各样的蒸馏水。①

1557 年去世的让·比内（Jean Binet）曾生意红火。他位于西岱岛皇庭的两处店铺供应各式各样的商品。除前文提到了的香料球、小念珠、售价 1 苏（法国旧币）4 个的香袋，以及紫罗兰、麝香和麝猫香袋以外，他主要售卖手套。在众多的手套款式中，总有一款适合您：牛皮、山羊和小牛混合皮、山羊羔皮、白色小牛皮、绵羊皮、鹿和山羊混合皮、狗皮、带衬里的狗皮、威尼斯式、旺多姆式丝饰的女士露指手套。其中一些手套很奢华：如一双售价 1 镑的绣金线与丝绸的手套；还有绣细金线或仿金线的手套，比前一种贵 3 成。绣金线与丝绸的小牛皮手套据称"用香料沁染过"，其他小牛和山羊混合皮手套也"沁了香"。

让·比内在离老毛皮加工路（rue de la Vieille-Pelleterie）不远的地方租了一个房子作为作坊和库房。一般来说，染匠的作坊很多都聚集于塞纳河圣母桥和兑换桥（le pont au Change）之间的小要道上，让·比内的这间房子也因具备如威尼斯的建筑般临水的门，有着便利的排水方式，对于他，或是其他染匠的伙计都再理想不过。他的作坊里储藏了镶花边的羽毛手套、山羊羔皮和绵羊皮的长手套、击剑手套（每双 3 苏）、米约式（Millau）手套、两双带有丝绒与缎子腕饰的奢华手套（每双 5 镑）、大量安息香、9 瓶玫瑰

---

① AN, ET CXXII, 3, 1514 年 3 月 7 日（n. st.），香料商和药剂师让·埃沙尔死后的财产清单（之后用 IAD 缩写）；ET XXXIII, 6, 1522 年 5 月 5 日，药剂师罗贝尔卡里耶死后的财产清单。

水和"蜜蜂花"(密里萨香草),总估价 16 镑。① 存放在一个盒子里的麝香和麝猫香无疑是用来给皮革沁香的。清单上显示了大量皮革存货,尤其是 2 000 多张白色小牛皮,近一半存放在"小"阁楼里,旁边囤着各式各样的皮革:白色山羊皮和山羊羔皮、岩羚羊皮、摩洛哥皮、绵羊皮、狗皮(未去毛的 34 种样品)。还有用作手套衬里的一定数量的猫皮与野兔皮。做盘点的公证人与助手十分专业,他们所做的存货清册中没有任何批注流露厌恶情绪,要知道这座在 4 月末打开的阿里巴巴宝藏,气味可能极臭。连对在这个神秘洞穴发现的奇观:65 打——即 780 个小牛头,他们也不予置评。小牛头是否等着被转售给肉制品商?一个世纪以后,法国人的食谱中出现了小牛头汤的制法。这些小牛头并不贵,因为它与其他小玩意儿套装和 9 把制皮业必备的锋利剪刀"利器"一起,总共估价 8 镑。②

1549 年,他更潦倒的同行纪尧姆·德格兰(Guillaume Degrain)的清单内容看上去就没有那么丰富了。他提到 26 张狗皮,"原样没动",总价值 1 苏,而 18 张猫皮总价 4 苏。他洒在产品上的玫瑰水与摩耶花露,每品脱估价分别为 4 苏和 3 苏。③ 这些文件中,在路易十三时期前没有记载任何有趣的信息。香水商多米尼

---

① 16 世纪中来自纳博讷的蜜蜂花醑剂和薰衣草醑剂。它在 17 世纪初叫作蜜蜂花醑剂。Dejean, *Traité de la distillation*, Paris, Guillyn, 3ᵉ éd., 1769, p. 143.
② AN, ET VIII, 530, 1557 年 4 月 27 日,手套商让·比内死后的财产清单。一斤价值 20 苏,一苏等于 12(旧时法国)辅币。我们还记得建筑工人每天挣约 6 苏:见上文第五章,以及关于香料球的篇章。
③ AN, ET C, 105, 1549 年 4 月 10 日 (n. st.),纪尧姆·德格兰死后的财产清单。法国朗德省莫列市至今还有一个为圣母建造的显示圣迹的泉水。它的水含硫化氢,是用来治疗魔鬼的疾病的吗?

克·培沃斯特（Dominique Prévost）从 1582 年开始在圣日尔曼堂区的双门街（rue des Deux-Portes）开店，1566 年结婚。他从 1613 年开始售卖香手套（每双售价 4 苏），尽管他并不自称香水师。他藏有武器、剑、匕首和一把戟，让人联想到他的住所不太安全。估价师将他存放的两种品级的香水组合估为 10 苏，麝香和橄榄组合 20 苏，两或三种品级的安息香组合 40 苏，一打香水念珠 15 苏。①

情色皮革

从 1620 年到 1630 年的 10 年，文化明显加速发展。在一位"战争之王"、击垮了没落的西班牙的强硬派首相黎塞留（Jean du Plessis de Richelieu）的带领下，法国成为欧洲最精致风雅的社会之一。无论在宫廷，还是首都的街头巷尾，都创造了一种法国外表的艺术。在 1630 年出版的《尚礼君子——宫廷中的取悦艺术》（L'Honnête homme, ou L'art de Plaire à la Cour）一书中，作者尼古拉·法雷（Nicolas Faret）定义了举止的理想典范。直至路易十四执政初年，此书再版了 6 次，被众多作者争相模仿。与其说它是对所谓的贵族美德的重释，毋宁说它是对上流社会新规范的诠释。法官、法学家、官员和君主制的重要拥戴者们作为现代国家的支柱，梦想通过效仿旧贵族的品位与排场以跻身上流社会。法式风格占了上风，它摒弃了西班牙式暗色面料和矫饰姿态。男性时尚之华美绝无仅有地超过女性的时尚。一种上流男士的典型形象出现了：他们用

---

① AN, ET XXIV, 148, 1613 年 11 月 5 日，香水师多米尼克·培沃斯特死后的财产清单。

花边、缎带、带羽毛的帽子装扮自己,蓄山羊胡子,身佩长剑。大仲马笔下的火枪手们就借用了这一形象。(如今)在巴黎主干道或热闹的贵族内室沙龙中做此新潮打扮大摇大摆的人,已无须贵族血统或军人身份。长筒靴或短筒靴让男士看上去很体面,"无论何时,即使不骑马、不骑骡子、不骑驴",也要蹬上靴子显摆,难怪时人对此大加嘲讽。靴子从 1635 年起变成了敞口,而且还明显添加了香味。路易十三末年,高雅的男士们还加了一种考究的姿态:踮脚前进,"说话时有节奏地摇头晃脑"。他们身上的精油芬芳扑鼻,动辄向他人行深屈膝礼。诗人弗朗斯瓦·玛纳(François Maynard)挖苦说,"(他们的)衣服不用来蔽体,而是为了露得赏心悦目"。"扑粉、卷发、散发麝香味的美男子"四下相遇,周身裹着一团预示荣耀的香云,让人不舍他们离去——至少他们这样以为。他们自然要佩戴手套,以此吸引女人与观众。典型的窈窕淑女也培养自己的举止,散发的香气与他们的男伴一样多,甚至更多的催情香气。连同种社会环境中的孩子也免不了这种梳妆打扮的标准:戴手套、穿皮靴、涂香脂。①

一些营业资产清单反映出香味服饰数量庞大。1631 年,身兼国王香水师与侍从的皮埃尔·弗兰克尔(Pierre Francœur)的亡妻留下了一份不完整的财产清册,表明商店中出现了装饰塔夫绸带的手套,或是山羊羔皮与绵羊皮的香手套,还有用于身体的塞浦路斯粉。它的主要成分是橡树苔藓,调配茉莉或香味浓郁持久、加了麝香的玫瑰。另外,清单还提到了"香水包布",即有香味的布,用

---

① Robert Muchembled, *La Société policée. Politique et politesse en France du XVIe au XXe siècle*, Paris, Seuil, 1998, p. 110 – 120.

来保存便服或睡衣。①

手套香水商人安托万·哥达尔（Antoine Godard）1636年7月的财产清单很长，包含了近30页的行业细节。② 他的店铺位于西岱岛塞纳河沿岸的皮货街（rue de la Pelleterie），店牌名为"圣母"。我们在这里只能简要地介绍其中一些商品的华丽装饰。哥达尔是当时生意最亨通的手工师之一，他拥有两幅罕见的路易十三世国王与奥地利安妮王后（Anne d'Autriche）小幅银制肖像。有了这两幅如此威严的肖像"坐镇"，老顾客可以买到黄边与红边的鸡蛋花香手套、鸡蛋花香小羊羔皮手套、山羊羔与小羊羔混合皮手套、英式缝法（双重缝合）手套、鸡蛋花香绵羊皮手套、英式缝法黑绵羊皮手套、红边绵羊皮手套、刺绣及沁染手套、宽边刺绣沁染手套、旺多姆式的无绳边白色上蜡或黄白手套、有塔夫绸（波纹绸）内衬的英式带花边及鸡蛋花香的母鹿皮手套，弗朗德花边手套、有花边流苏并附平纹结子花呢（羊毛或卷呢绒）内衬的公鹿皮与绵羊皮大手套、鹿皮手套、其他有刺绣平绒（毛茸丝绸织物）装饰的小牛和绵羊混合皮大手套、有多色平绒装饰的绵羊皮手套、白色或有色公鹿皮大手套（每双价值1镑10苏）、狗皮手套、黑色绵羊皮小手套、有色公鹿皮小手套、内缝弧形鹿皮制法的绵羊皮手套、红色紧指刺绣英国兔皮手套、丝线刺绣绵羊皮手套、有塔夫绸内衬，配上丝线刺绣缎饰的绵羊皮手套、白色弧形岩羚羊皮手套、白色弧形公鹿母鹿或岩羚羊皮手套、隼皮手套、鸟皮手套、弧形绵羊反面皮手

---

① AN, ET XXXV, 240, 1631年6月20日，国外的香水师和内侍皮埃尔·弗朗科尔的妻子死后的财产清单。

② AN, ET VII, 25, 1636年7月15日，手套香水师安托万·戈达尔死后的财产清单。

套、"漂白"绣金线有丝带装饰的甘巴尔德式公鹿皮手套。此外，还有多色呢绒手套、昂贵的金银双线刺绣男士手套（每双 6 镑）、带罩女士手套（每双 7 镑）。也有年轻女孩的沁染手套、儿童各式手套（尤其是露指手套）、昂贵的浅色旺多姆款式手套——它们做工精致，用头层山羊皮剪裁，声名卓著。

我们能找到适用于任何手指、任何价位与任何场合的手套。在路易十三世时期，上流社会的人们对香手套十分狂热。人们还十分热衷于皮靴，它们加倍升华了死亡。无数的动物（包括众多猫狗）因为人们的狂热爱好而被无情宰杀，它们皮毛被制成抵抗瘟疫的盔甲和催情的华丽服饰，浸透着从异域的动物腺中粗暴析出的强效诱惑精华。因此，人类的鼻子从年幼起就习惯呼吸由死亡转化而来的醉人香味。巴尔贝先生泰然自若地提供了制作皮扇与香手套的方法。[①] 第一种方法：给皮革沁花香，然后上以麝猫香为主的混合香料，画龙点睛。第二种方法：先把皮革浸泡在橙花水中，然后剪裁、上色——比如用棕褐、红、黄来调出鸡蛋花的色调，然后将皮革放置在花田里。还可以直接用一块海绵，用混合龙涎香、麝香、麝猫香与少量多叶蓍水的香水浸透皮革（作者还提供了多叶蓍水的其他变体）。之后把皮革晒干，抻平恢复形状。不过，狗皮手套或狗皮制法的山羊皮手套除外，因为必须从内面润湿皮革："这就是我们所说的沁染。"鸡蛋花既指一种淡红色，但也指一种近似红茉莉的浓郁花香。很难说在 1636 年，鸡蛋花的概念是否与其中一个意义有关，甚至包含两者。

[①] Barbe (le sieur), *op. cit.*, p. 93 – 113.

第六章 麝香香水

伊丽莎白一世（élisa béthain）时代的剧作家菲利普·马辛杰（Philip Massinger）于1623年创作了悲喜剧《奴隶》（*The Bondman*），借一个角色之口，他说道："女士，我很愿意亲吻您的手，但是您手套上的麝香味让我不自在。"① 岛国人的鼻子经得起霸道的动物尾调吗？这种气味横扫意大利、西班牙，继而蔓及法国。这一评价至少说明新的礼仪规范要求男士嘴唇轻触女士佩戴的香手套。这也许是女士手指尖常常暴露于男性面前的原因？手指甲经过修整，涂上了香膏呈现的肯定不是它天然的样子，但裁剪保护的手套仅仅是为了减小患疫的风险？不论如何，当美人们用藏在香风阵阵的皮扇子后面的鼻尖来引导情郎，潜藏的恋物癖者们恐怕很难不为之动容。

这一潮流在17世纪中叶的法国也盛行不衰。一些手套香水师的店铺财产清单可以证明：1641年去世后的手套香水师尼古拉·鲁斯莱（Nicolas Rousselet）位于圣奥诺雷街（rue Saint-Honoré）的店铺；后一年去世的香水师夏尔·梅森（Charles Mersenne）位于卢浮宫街（rue du Louvre）的店铺；以及1649年去世的商人皮埃尔·库尔丹（Pierre Courtan）位于圣奥诺雷街"洛林十字"（la Croix de Lorraine）的店铺。② 这里只谈不同于前文提过的产品。第一位商人售卖的手套款式很多：一些南瓜油沁染过的手套，还有一些是橙花色的旺多姆式手套、长款分叉女士手套、具备相同用途的香制狗皮手套。手套香水师鲁色勒除了使用南瓜油，也用鸢尾花

---

① Massinger, traduit par Ernest Lafond, Paris, J. Hetzel, 1864, p. 172.
② AN, ET CXIII, 13, 1641年6月4日，手套香水师尼古拉·鲁斯莱死后的财产清单；ET XXVI, 85, 1642年9月5日，香水师夏尔·梅森死后的财产清单；ET XXIV, 431, 1649年4月14日，商人皮埃尔·库尔丹死后的财产清单。

粉。第二位商人梅赛那出售的香料种类更多：用于身体的白色或灰色塞浦路斯粉；堇菜花粉、鸢尾花粉、雪松粉、松露粉、调过麝香的塞浦路斯粉。他拥有橙花水、玫瑰水、许多散发安息香味道的天使香露（200品脱），人们把这些花水洒在手套和衣服上。每件1苏的香皂，使用起来只需一点点水。他也售卖玫瑰木、雪松木、干玫瑰、芳香包布和丝绸纽扣，以及奢华的芳香绣品，它们与皮革一起被极其精心地保存在6个装满香料的盒子里，估价为45镑。第三位商人库尔丹在1649年售卖过手套、小香皂与发粉，清册中没有气味的具体说明。他的店内有许多不同颜色的皮革，通常上过香，偶尔是茉莉香。他持有一些模具，用来制作香泥耳坠与念珠。

太阳王底下没有新鲜事？

香水和皮革的色情在1640年达到了顶点。它们是男士征服爱美女士不可或缺的法宝。夏尔勒·索亥勒（Charles Sorel）在1644年出版的一本有趣的小册子里，幽默地详述了"风流的法则"：①

> 服饰最重要的是经常更换，而且要尽可能时髦。这里所说的服饰是指所有主要的衣服，以及佩戴在各个部位的配饰。老实的高卢人以及旧宫廷的贵族们的服饰都已过时——因为它们看上去很简单……至于穿在外面的内衣标准，我们赞同它很简洁：它不仅宽松，而且它的材质是上过浆的浸礼会面料。尽管有人说它像纸灯笼，说某位皇宫洗衣婆某晚曾用它来罩蜡烛，

---

① Charles Sorel, sieur de Souvigny, *Les Loix de la galanterie*, dans le *Recueil des pièces les plus agréables de ce temps*, Paris, Nicolas de Sercy, 1644.

避免被风吹熄。如果要让它更有装饰性，我们可以在上面装点两三行布料——或是浸礼会布，或是荷兰亚麻细布。另外，如果有两三行热那亚针脚做的褶裥装饰，那更好不过。您知道，就像（骑士的）束腰带和（军服上）的饰带被叫作"小鹅"，人们把胃部的衬衫开口叫作"嗉子"，这里总得有花边装饰——因为只有少数年迈、悠闲的人才会沿着开口钉一溜扣子。许多人知道男士现在已经不戴有边饰或断针脚的衣领了，于是他们把这些元素放在衬衫上。我们不允许这样俭省，太小里小气。我们知道，穿长靴就要配高、尖的帽子，帽顶要尖到一个退斯通（货币）的大小。虽然流行的帽子陡然变成了平、圆的形状，长靴和高帮皮鞋却被保留下来，这足以说明人们对它的喜爱。我们曾经将一枚钉子钉入某人的靴子尖上，因为他专心谈话，以至于就这样被钉在地板上不能动弹。这并没有让人讨厌穿靴，恰恰相反，假如男人把脚伸到靴头处，那么钉子就会扎进脚里，这就是这枚钉子对这位格拉海德骑士的用场了。除靴子外，如果您想要马刺的话，有一大批银制的马刺（供选择）。您可以经常不计成本地更换。但凡人们穿着丝制长筒袜，一定是来自英国的长筒袜，而且他们的吊袜带与皮鞋花结也会参照时尚的要求搭配。一上新，我们就收到通知。端详新货是幸福的，仿佛自己是潮流的发起人，而想到自己只有别人挑剩的东西，就让人忧心忡忡。为了赶时髦，还要留意催促裁缝。因为有的时尚经久不衰，有的时尚却很短命，可能衣服还没做完，潮流就过去了……有些小东西不太贵，但可以极好地装扮男士，让他看起来十足的风流倜傥。……比如帽子上一条漂亮的金银丝带，有时候缠绕一些颜色漂亮的丝绸，或在紧身长裤前面缠绕七八条鲜艳夺目的精致丝带。不用说，他自己就是一家商店，把售卖的服饰穿在身上展示一通。不过必须留心潮流，好让饰带的装扮衬托出男士的风流倜傥，在他所用的东西上都写上风流二字。从此以后，大多数女士的手腕上戴的不再是珍珠、琥珀或黑玉手链，而是一条简单的黑色饰带。我们赞同年轻风流的男子也佩戴黑带，这样他脱去手套时就显得手更白皙了。我们也不反对整套行头里加一条浅红色饰带，或单独使用它，因为这两种颜色与白皙娇嫩的皮肤很相衬，可以提亮肤色。不过年长的人或手部皮肤黝黑、干燥、起皱、汗毛稠密的男士切勿效仿，这只能为自己带来困窘与讥笑。我们甚至允许最英俊的风流男士贴上几颗圆、长的美人痣，或在鬓角贴颗大黑痣——我们称它为牙疼痣。不少人不久前开始在颧骨下方贴痣，因为有头发遮挡，看上去很有礼貌、很有吸引力。如果说有人对此批评说只有女性才可以这样打扮，那我们的回答也许会出乎对方意料——我们只能将我们赞赏、爱慕之人视为追随的典范。

一位香水商在17世纪40年代的营业资产清单中的一段文字可以证实香皂的出现。人们重新开始使用水并且清洁身体了。这比历史学家通常认为的时间早了100多年，他们认为这个现象与英国人使用肥皂有关。实际上，这很可能是因为人们感受到了两性吸引的新规范的压力，它解释了重现于路易十三执政末期在沐浴中描写香皂的现象。

我们有时候会去浴场清洁身体，每天不厌其烦地用杏仁皂洗手。还要如此频繁地洗脸、剃须、不时清洗头部和上半身，用优质香粉干燥身体。如果我们如此费心清洁衣物、保持家中房间与家具的整洁，那我们就更有理由操心自己的身体是否干净。您应该有一个熟悉这类工作的侍从，或者找一位专职剃须匠，而不是那些包扎伤口与溃疡的人——他们身上总有股脓水与药膏的气味。

索亥勒暗指创立于 1637 年的剃须假发师。与医疗剃须师不同的是，他们要在假发上扑粉、护理头部，职业前景一片光明。索亥勒继续说道，他"帮您烫头发，或使头发蓬松"。他还为您整理胡子，让您变得"更加优雅"。这个习俗在之后也没有中断。法国最高法院于 1673 年 3 月 23 日颁布的皇室法令在巴黎及一些其他城市中创建了剃须师—理发师—洗浴师—浴室经营者团体。团体人数定为 200 人。团体的黄色徽章上写着"洗浴师、浴室经营者与理发师，此处修理毛发"。他们有权批发或零售假发，生产香皂、香膏、精油、香粉和香泥，但他们无权行使任何医疗行为。[①] 人们的清洁状况得到了明显的改善，以至于 1694 年出版的第一版法兰西学院字典中用"铃兰"指代沉醉于铃兰香并为取悦女性而喷洒铃兰香水的年轻男子。

香水手套师们为了满足这种需求开始售卖新产品，当然这也是为了满足贵族女士们的需求。让·巴蒂斯特·杜埃尔（Jean-Baptiste

---

① 佩·斯·吉拉尔:《巴黎 4 世纪至今的公共浴场研究》,《公共卫生和法医学年鉴》, 第 7 卷, 第 1 部分, 1832 年, 第 34 页。

Douaire）于 1735 年在巴黎开业，他有大量制作假发香粉所需的淀粉、98 打香皂、总重 50 古斤的肥皂、各种没有标识的粉（除塞浦路斯粉以外）、时兴的香花杂物、粉扑、杏仁浆（用来洗手）、牙签、美人痣盒、没有气味的指油膏。①

从 17 世纪下半叶至 18 世纪的头十年间，受这一变化影响的更多是追逐潮流的人的体味，而非严格意义上的香水。在 16 世纪 80 年代中期，路易十四对香水的厌弃让人误以为发生了一场气味革命。然而那只不过是一个短暂且没有后续的插曲，是观察国王言行的人们言过其实了。由于路易十四除橙花水外再也忍受不了其他香味，所以有人就急于推断他影响了皇宫内和香料行业的整个香水行情。②然而温柔的橙花香曾在两位巴黎香水手套师于 1641 年和 1642 年的营业资产清单中出现过，我们前面提到过。在此之前，它在意大利颇受欢迎，玛丽·德·美第奇王后与朗布依埃侯爵夫人（la marquise de Rambouillet）都迷恋橙花水。从 16 世纪末开始，以皮革闻名的法国格拉斯城周边种了几千棵橘子树。除了可从橙子树中提取的少量昂贵的精油，橙花本身——虽不能运输——却还可以用于给手套沁香。格拉斯城在 1650 年左右种植了大量的茉莉花，在 1670 年左右种植了大量的晚香玉。在这一时期出现了第一批当地的香水师。他们提供橙花、茉莉花与晚香玉的精油和香膏，特别是供货给仍以传统方式生产香水的蒙彼利埃商人。香水的创新发生在皇宫与巴黎以外的地方。橙花水和香柑水之后

---

① AN, LIV, 794, 1735 年 6 月 21 日，手套香水师 Jean-Baptiste Douaire 死后的财产清单。
② Stanis Pérez, «L'eau de fleur d'oranger à la cour de Louis XIV», *Corps parés, corps parfumés*, in *Artefact. Techniques, histoire et sciences humaines*, n° 1, Paris, CNRS, 2013, p. 107–125.

被称为古龙水（eau de Cologne，直译为科隆之水），分别发明于1680年和1690年。橙花水以苦橙树花为主要成分，散发苦橙香气，近似于香柑气味。它的流行归功于一位生活在意大利的法国公主，她用这种花水给她的手套和洗澡水沁香。香柑水更复杂，一位科隆的意大利人让·马利亚·法利纳（Jean-Marie Farina）因其发迹。这些柑橘水果和中国小橙子（后来成为法国的小橘子）贡献了新的香气与口味，人们的嗅觉和味觉也一并演变了。而且在17世纪下半叶推广橙花香的时期，皮革的香气可能随之变淡了。①

独占鳌头的龙涎香、麝香、麝猫香三种从动物中提取香气的香水慢慢地受到了挑战。直到18世纪中叶以后，它们才彻底消失，我们会在下一章中谈到。香味手套生产出现了危机，或者说它至少放缓了。这或许解释了格拉斯成为香水之都的原因。这一时期留下的巴黎香水手套师的身后资产清单也变得更加稀少、更加简洁、更难使用。这也许是现成的一手资料的整体状况所造成的错觉。我们因此不应该断然地下结论，这个题目值得做更为细致的探究。它最多可以说明，这一领域的专业话语和配方有很强的连续性。1637年，让·德·勒努在专著中（此书的第一个拉丁文版本实际上要追溯到1609年）引用了29次龙涎香、14次麝香、9次麝猫香，并常常将三者结合起来。玫瑰水出现了40次、玫瑰9次、橙子8次——其中2次谈到橙子皮，称赞了1次橙子花的香味。玛丽·默尔德拉克（Marie Meurdrac）面向女性读者的著作十分畅销，第三

---

① A. Chauvière, *op. cit.*, p. 80, 96, 140, 148-150.

版出版于 1687 年（1666 年首版）。① 她在此书中 5 次提到龙涎香、麝香，第 6 次时加了麝猫香。莫德拉克第一次提及麝猫香时写道，它可以减轻蜗牛和蜗牛壳配制而成的滑石水的臭味。作者在 3 个段落中谈到橙花水，在另外 3 个段落中谈到橙花油。玫瑰水被引用了 34 次。它被用在一个护脸护手的药方中，这个药方还包含新鲜黄油、威尼斯松节油、柠檬；还加了一些橙花水与丁香花水增添香气。② 首版出版于 1681 年的尼古拉·勒梅里（Nicolas Lémery）的文集也没有指出流行发生过明显的变化。不过麝猫香只被提到过 1 次、麝香 7 次、龙涎香 15 次、玫瑰 8 次——略略超过被提到 6 次的橙花水、橙花精油被提到过 1 次。勒梅里在 1686 年的版本中教穷人或造假者如何用少量的真麝香制造廉价的麝香：

> 在月末 3 天，取镜蛇的精液与玫瑰水饲喂几只最粗爪黑羽的鸽子，喂它们蚕豆和丸药 15 天；在第 16 天砍断鸽子的脖子，让血流入一个放在热灰里的釉陶碗内；撇去浮渣，每盎司配 1 德拉克马（1/8 盎司，约为 576 颗谷粒的重量）的溶于酒精的真东方麝香，用按照这比例配置的液体来为鸽子血"加冕"，再滴入四五滴公山羊的胆汁，然后把混合物放入热马粪里，搁 15 天后重新加热。③ 见鬼！赤黑色、公山羊胆汁与炼狱之火，这几乎就是撒旦的巫术！

---

① J. de Renou, *Les Œuvres pharmaceutiques*, op. cit.
② M. Meurdrac, *op. cit.*, p. 327 – 328，关于护手香精中的橙花水。
③ Nicolas Lémery, *Recueil de curiositez rares et nouvelles*, Lausanne, David Gentil, t. 1, 1681; du même, *Recueil de curiositez rares et nouvelles … avec de beaux secrets gallans*, Paris, Pierre Trabouillet, 1686, p. 156 – 159.

这些资料显示了在 17 世纪末，城市里仍在使用动物香水。1693 年，香水师巴部（Barbe）先生直言，无须花香，麝香、龙涎香与麝猫香便足以使手套好闻。然而，他提供的黄葵配方以麝猫香和橙花为主要成分，以及一种包含 3 种动物香精与橙子花的"罗马混合液"。此混合液的另一种调配法是将龙涎香、麝猫香同橙子花精油或是茉莉花精油混合。①

升华死亡

在十六、十七世纪，城市和皇宫的住所奇臭无比，这也必然使嗅觉无法衰弱。不仅如此，当时的人们还深信有必要用百毒不侵的嗅觉屏障来阻挡恶臭，因为臭味预示瘟疫的来临或伴随瘟疫一起出现。他们培养嗅觉以便识别迫在眉睫的危险信号，但同样也为了充分享受生存乐趣。这就是诗人让·德·布西尔（Jean de Bussières）在一首创作于 1649 年、少见的郁金香"颂歌"中想强调的。

> 亲爱的朋友，我失去了快乐，
> 我再也克制不住。
>
> 嗅觉仍想与这迷人的信仰结合：
> 它相信宜人的馨香能给予花朵以温柔的活力，
> 使它们的生命有了魅力。
> 如果灵魂没有因美妙的精神而愉悦，

---

① Barbe (le sieur), *op. cit.*, p. 99–108.

> 那花朵也难令双眸陶醉。
>
> 唉！你绚丽的一面在哪里？
> 你的郁金香没有馥郁的香气；
> 它所有的优点不过是虚妄的轻拂：
> 它们用广撒的魅力和迷惑性的外表，
> 抚慰我们的眼睛。
> 但是这些美丽的空皮囊，
> 没有任何坚实之物，
> 把它们带给死去的人吧。①

在荷兰暴发郁金香热的时期，人们为了发财纷纷争抢刚刚登陆欧洲的郁金香花球。法国文明却更看重浓郁的动物香气与花香中调所激发的情欲，而非这些无味的"公主"。除了沁人心脾的香味，哪有幸福可言！两个国家的差距可以如此之大。随着商业社会的建立，资产阶级对财富累积惶恐不安，使遵循加尔文教理的荷兰共和国过早走上了"祛味化"的道路。在这里，金钱也是不带一丝铜臭的。而战神之国的法国统治者却有不同意见，对他们来说，气味强烈的香水对存在而言必不可少，就像德·布西尔的颂歌里所说的，香味掩盖了人们对死亡的恐惧。没有气味是不可接受的，因为它动摇了人们面对无所不在的腐臭气味的心理防御，人们穿戴无形的芳香铠甲和头盔来预防腐臭——致命危险迫近的信号。但灾害无所不在，

---

① J. D. B. [Jean de Bussières], *Les Descriptions poétiques*, Lyon, Jean-Baptiste Devenet, 1649, p. 11 – 18.

人生苦短，当时的人均寿命还不及现代人的一半。医生们无法治愈疾病，他们顶多开出数不胜数的秘方来帮助人们承受对死亡的恐惧。如今看来这些药方毫无效用，而当时的人们可是虔诚又怀揣希望地使用它们的。比方用在鼠疫患者、老年人或临死之人身上的放血法，恐怕也只有在这种有宗教的基底上，才有为人建构希望的意义。

动物大屠杀

更严重的是，在十六、十七世纪的社会中，人们无情地剥削动物。它们被用了个遍，比如猪，连鬃毛都被拿来作为刷子，膀胱被做成给孩子玩的灯笼或气球。动物此前可能很少经历如此毁灭性的时代。野生动物被热衷于残酷的打猎的贵族与国王猎杀，畜养的动物在机器取代它们前被强制劳役。动物对于行旅、负重、农活都必不可少。它们显然还大量被食用。人们常常忘了动物还为人类许多的活动提供了所需的皮革，包括马具和人的装饰。它们的血、肉、粪便、皮肤是不可或缺的原材料，甚至成为许多药方的成分。狗死了以后，它的皮被优雅的男士、女士们戴在指尖，而猫或兔子的毛皮让手套变得温暖、舒适。城里久久飘溢着一种阴森之气，这不仅来自被大量屠杀的动物——一位手套师仓库中存放的数百个小牛头可以为证，还出自浅埋在教堂的尸体味道。[①] 直到1776年颁布了法令后，墓地才被转移到城镇之外。从异域的动物性腺中提取出的大量醉人香气正是用来掩盖城中萦绕的气味的，而且提取的过程让动物遭受了巨大的痛苦。人们相信龙涎香、麝香、麝猫香可以加倍对

---

① Ci-dessus, note 27.

抗死亡、驱赶瘟疫。更确切地说，通过给动物皮革沁动物香味，它们的死亡被升华了。一种情色文化由此在上流社会与他们的效仿者中间发展了起来。不论道德主义者和说教者如何哀叹，强烈的香味引得局中人欲望横流。动物的催情香气包裹着人肉身的气味，献祭的动物变成了红袖添香的饰品。归根结底，我们的做法真的与那些被我们礼貌地称为"土著"的众多人民的做法非常不同吗？在过去，对于西方人来说，鸟的羽毛、海狸皮的帽子、上香手套和靴子难道不是战利品、权力或财富的标志吗？

用动物的死亡来激发爱欲、维持人的永生，这真是一个悖论。正如波尔塔（Porta）所说，鼻子显然与性相连。从文艺复兴到古典时期，鼻子训练有素，闻到异性散发的龙涎香、麝香和麝猫香气味时就觉察可能的肉体之欢。与当时劝诫正派人蜕去动物本能的礼仪规范相反，主导情侣结合的文化规则暗中将动物生殖气味转化为无法回避的性诱惑产品，也同时转换成了男性支配（女性）的工具。因为这些醉人香味覆盖了女性私密的"天然"气味，在当时深受医生们的贬低，但他们却认为男人的气味是好闻的，尽管太阳王执政后卫生才从无到有。沐浴和净手礼的漫长回归预示了一场更有利于女性的、深入的气味革命。鉴于卫生学家们把墓地和屠宰场发配到郊外，疫气也被驱赶到那里，这场气味革命很可能根本上源自人们对死亡感知的变化。不过，气味变革也反映出两性关系的缓慢变化，这有赖于人对身体、情爱甚至与世界其他生物的关系产生了新的感知。受人喜爱的香水从主要以龙涎香和麝香为尾调的、具有男性气概的香水，慢慢变成了以果香和花香为中调、具有女性气质的香水，而祛味的专制与束缚时代将要来临。

第七章

文明化的花香精华

味觉和香气能否解释欧洲旧日的衰落或崛起？有人认为，17世纪上半叶西班牙帝国的衰退源于所向披靡的军队统领因沉迷巧克力的美味而懒散，他们甚至躺着享用这甘美之物。又有人认为，英国人在商贸与扩张上的活力部分归功于他们在商铺柜台前站着快速饮茶的习惯。① 尽管这些想法过于简单化，但也不能完全忽视它们对理解社会兴衰的启示。17世纪时，法国拥有接近五分之一的欧洲人口，其主导不仅体现在政治和语言方面，还延伸至生活艺术。继承了西班牙的遗产后，法国在路易十四的统治下达到了霸权巅峰，他凭借强大的军队抵御了一个庞大的联盟。而他的继承者路易十五则接受了欧洲最强大的陆军，但这支军队在七年战争中惨败于更为严酷、好战的普鲁士新兴君主制。与此同时，英国海军占领了法国殖民帝国的大部分版图，并在1763年的巴黎条约中迫使法国割让殖民地。

---

① Wolfgang Schivelbusch, *Histoire des stimulants*, Paris, Le Promeneur, 1991.

西方头号强权的衰弱原因很难解释清楚。从太阳王的统治到法国大革命期间，法兰西王国的人口几个世纪来第一次经历了近50%的剧增。而且，经济繁荣带来了大量新商品，尤其是依赖于奴隶贸易与加勒比地区的甘蔗种植园。海运贸易不仅美化了大西洋彼岸城市，还促进了道路建设与生活环境的提升，为其他地区所效仿，然而，在这一繁华景象下，隐藏的动力似乎已经失去了张力。无法否认的是人们有了新的生存乐趣，一句德国谚语可以证明："在法国，人们像上帝一样快乐！"这种进步惠及普通民众。1720年在马赛发生了最后一场大规模瘟疫，标志着一个不再恐惧黑死病的时代开始了。沃邦式堡垒（forteresses de Vauban）使法国的核心领土远离战争。饥荒慢慢减少，医学正在进步。食物的味道也因为豪华的烹饪而有所改善，人们的品位与香气也随之提升。不再是昔日骑兵们大摇大摆的皮靴与皮革上发出的动物气息，取而代之的是"蕾丝战争"——以虚构英雄芳芳·拉郁丽（Fanfan la Tulipe）为代表。在和平时期，军人们沉浸在及时行乐的欢愉中，失去了以往的锐气。路易十五的表弟孔蒂亲王（Louis-François de Bourbon-Conti）以及黎塞留元帅（Louis-François-Armand de Vignerot du Plessis, duc de Richelieu）和国王一样，较之上前线打仗，偏爱和美人的床第之欢。1745年丰特努瓦战役取得的最后胜利甚至要归功于两位外国元帅——萨克森元帅（Maurice comte de Saxe）和罗达尔元帅（Lowendal），而不是法国贵族军官。1757年，苏比斯亲王在罗斯巴赫战败，而黎塞留元帅则将个人利益置于国家利益之上。

在1783年美国独立战争结束、法国对英国进行复仇之前，战败的香水味道笼罩着那些花团锦簇的贵族将军。他们沐浴着花香，粉饰、化妆过度。19世纪爱埋怨的资产阶级非常嫉妒这些堕落的贵族，他们一边模仿这些贵族的装饰或家具风格，一边讽刺贵族们"在火山上跳舞"危在旦夕。然而，贵族们非但全然不知他们的时代即将终结，而且还自认为是世界的主宰者，并与贵族女士们一起沉迷在如梦如幻的享乐之中。诱惑的本领成为他们生存的动力。当时微妙的情色文化要求穿着更轻便的衣物，采用如印花棉布等新型面料，同时使用更加柔和的香氛，象征着对未来幸福的期待。然而，尽管如此，宫廷和巴黎依旧弥漫着难闻的气味，这种情况随着首都迅速增长的人口而愈发严重。直到19世纪末期全面实施排水系统后，臭味才得到真正的改善。那些着迷于恶臭的卫生学家的批判，仅能在一定程度上解释所谓18世纪中期"嗅觉耐受度急剧下降"的现象。更大的原因或许在于医学和化学的相对进步，以及瘟疫的消失，但这些解释仍显得不够完整。必须将路易十四时期以来出现的一种崭新的身体文化纳入考量，这是一种极具享乐主义色彩的文化。当时的哲学家的推崇经过精心护理与沐浴的自然之美，并用精致的柑橘和花香衬托。过去那种以军事模式为灵感、用来抵御瘟疫的个人香气盔甲和麝香气味防护衣物已经彻底过时。取而代之的是一种以自我为中心的文化表述，注重对肉体外在的欣赏与展现，这一切恰逢宗教束缚逐渐松弛，对魔鬼的恐惧不再。卢梭甚至提议，应尽早开始这种情感教育，让多年浸泡在污垢和排泄物里的婴儿从襁褓中解放出来。真正的文明人不应散发刺鼻的浓烈香气，而是以温和、令人愉悦且吸引人的个体香味优雅地散发魅力。

香水革命

在 17 世纪中叶,有记录显示人们重新使用水和肥皂来清洁,这种清洁方式使得人们对身体的看法发生了改变。此后这种改变加剧了,但它以什么样的节奏发展有待历史学家的研究。它在 18 世纪 50 年代大受欢迎,但这个时间并不标志一场新的气味革命在此时骤然开始了,相反,它标志着经过缓慢而无声的成熟过程,最终人们普遍接受了气味的改变。这种变革主要表现在对动物香味的排斥,这种浓烈刺鼻的香味曾经从手套指尖覆盖全身,激发出强烈的性欲。1693 年,调香师巴尔布先生仍然在他的论著中给予动物性香水重要的地位。但之后人们越发厌恶这些昂贵的异域产品,它经常被仿制,最终它刺鼻的气味受人厌弃。如果还记得动物排泄物气味有点类似人类排泄物的气味,我们就能明白为什么动物香味越来越不受欢迎:1541 年去世的瑞士医生和占星家帕拉瑟斯(Paracelse)不也提出一种将人类排泄物转化成"西方的麝猫香或麝香"的秘方吗?[①]

蓬帕杜夫人于 1764 年去世,同年,安托万·霍诺(Antoine Hornot)的《气味论》(*Traité des odeurs*)出版。德让称这部作品可以说明一些问题。作者霍诺指出了龙涎香和麝香的衰落,尽管它们仍然被香水行业认为是香水的起源。此外,"尽管这些香水的消费量很少,但仍然很昂贵"。人们继续生产龙涎香的精华,但这个名字背后隐藏了各种各样的制剂:有的由单独的麝香制成,

---

① J. G. Bourke, *op. cit.*, p. 341.

有的由麝香和麝猫香的混合物或麝香与龙涎香的混合物制成。他解释说，如果售卖时用它们的真名的话，则很难销售出去。制香师当然要省钱，尤其是对龙涎香，它是迄今为止最昂贵、最稀有的香料。此外，还要考虑到公众对麝香的"厌恶"。德让推出了一个现代化的天使香露配方，曾经在香水师同行中享有很高的声誉。乐梅里先生（M. Lémery）说"高雅、有品位的人用它们来洗浴。当时的人手套和衣服沁香。如今，这种习俗已经失传，人们把香水装在瓶子里，避免不喜爱香味的人感到不适"。现在，手套是香水商出售的唯一无味的物品，正如它的衍生品塞浦路斯水，已经鲜有人喜欢了。乐梅里先生建议，为了给这个"几乎被遗忘"的配方增添一些亮点，可以用鸢尾花根、苏合香脂、玫瑰木的根、安息香花、檀香、菖蒲（香灯芯草）。然后，"为了符合现代的口味，我们必须完全去除麝香，只放几滴龙涎香精油，以便更好地突出其他气味"——即在蒸馏前加入的玫瑰水和橙花。另外，他承认龙涎香"似乎被遗忘了"，但仍有喜爱它的人。使用麝猫香或麝香会让气味变得不时尚，而加入"微量的龙涎香会使混合物的气味极佳"。至于麝猫香，"大约在40年前，人们仍然在使用它。但从现在起，尤其在法国，这种气味失去了它的影响"。著名的百花香精，"古人"用牛粪制作，后来由麝香、龙涎香和麝猫香混合而成。他建议只使用鲜花，加上60滴龙涎香精华来制作8品脱（的香水）。他确定在很长一段时间里，人们只使用橙花和玫瑰水。现在人们还在使用烹饪香料、果皮香精。尤其是香水制造商经常会在液体的糊剂中加入这些香味，还有甜烧酒制造商以及女性在沐浴时也会使用它们，人们甚至在洗手的时候也加上一两滴。①

气味明显经历了一场革命。德让在 1764 年就表示制香已经成为一门艺术，因为他经常把他的同事称为艺术家，并给"业余爱好者们"提供最简单的建议。受好奇心驱使，他从尼古拉·乐梅里（Nicolas Lémery）或尼古拉·德·布莱尼的作品中吸取了一些"古老"的细节，并且回顾自 17 世纪 80 年代以来的气味理论，从中定义他身处的时代的独创性。我们似乎可以相信他所强调的，自 1720 年以来人们不再喜爱麝猫香，对麝香也失去了兴趣，并且认为有必要节省地使用龙涎香，用今天的（香水）术语来说就是用它做"尾调"。动物气味几乎完全被花香和果香所取代，这是气味领域发生的重大变化。可惜他没有提供与此相关的年代细节。如果我们把他的著作当作记录当时主要的气味模式的概述，那么气味的演变肯定在 18 世纪中期就结束了。而且，他在补充信息时经常参阅的《蒸馏分类论著》（*Traité raisonné de la distillation*）出版于 1753 年。所以，至少在半个世纪前，（嗅觉的）感官变革就已经开始了，使得人们较之"排泄物"做成的香水，更偏爱花香香水。②

这种气味变革似乎是不可逆转的，让·路易·法尔容（Jean-Louis Fargeon）在《香水商的艺术》（*L'Art du par fumeur*）一书中这样认为。他曾先后为玛丽·安托瓦内特王后（Marie-Antoinette）和第一帝国的宫廷提供香水。他在 1801 年出版的书中提到的制剂完

---

① Dejean［Antoine Hornot, dit］*Traité des odeurs*, Paris, Nyon, 1764, p. 4－5, 26－28, 82－83, 91－92, 105, 108, 120－122, 424. 若无更精确的参考文献，请参阅本条约非常详细的最终表。

② C. Classen, D. Howes, A. Synnott, *op. cit.*, p. 73, 作者们把 18 世纪末当作这场气味革命的开端。

全摒弃了麝香。并且，1806年他的去世财产清单表明他的店里只有少量的麝香。他仅滴几滴龙涎香精华以突出气味。[①] 从此以后，他的同行也开始偏爱大量使用鲜花、香料、带果皮的水果来制作混合或含酒精的简单香水、精油、美妆水、清洁水和精华。根据连续蒸馏的次数，这些产品分为几种类型：白兰地酒、简单的葡萄酒、精馏葡萄酒、浓烈而沁人心脾的蒸馏酒。最后几个配方非常强烈、非常微妙、易燃，只能由专业人士来制作，因为一不小心，它们就容易挥发。

1764年，德让引用了枸橼、柠檬、葡萄牙橙、佛手柑、4种水果、橙花、薰衣草等配方。此外，成药的名字往往让人误解，因为天使香水、塞浦路斯香水或百花香精的成分与之前几个世纪同名的成分不同。橙花香水因为成本高，可能会变得很稀。当时的哲学家们偏爱更加清淡、更微妙的催情香味。例如德让的性感香水，它由7品脱无味干邑白兰地、枸橼、橙花油、玫瑰、蝴蝶花、肉豆蔻树和一种稀有、昂贵的种子的精华制成。他认为（这款香水）醉人又甘甜，应该是女士们的心头好。谁敢说爱情不让人心沉意醉呢？他还推荐阿多尼斯香水（花、香料、加上4滴龙涎香制成"非常美妙的整体"），如同一束春日花朵般可爱的香水。他认为所有香水中最甜美、广受欢迎的是茉莉花香水，它是"所有花卉中最令人心旷神怡的"，胜于紫罗兰花。因为它很难获取，专家通常仅制作用于头发的茉莉花油，把茉莉花浸泡在甜杏仁油、榛子油或辣木油

[①] Eugénie Briot, «Jean-Louis Fargeon, fournisseur de la cour de France: art et techniques d'un parfumeur du XVIIIe siècle», *Corps parés, corps parfumés*, in *Artefact. Techniques, histoire et sciences humaines*, n° 1, Paris, CNRS, 2013, p. 167–177.

中，先放在棉布上，然后再把布放进一个密封的大盒子里。另一种方法是在箱子中交替铺一层茉莉花和一层碎杏仁。这种做法中通常需要更换茉莉花，待到碎杏仁沾满香气时，无火的情况下提取花油，制成一种"非常精致、芬芳的精华"。茉莉花香水是在这种精华油中添加精馏葡萄酒制成的。这些香水的制作都昂贵、细腻，但它使香味变得"如此精致、时尚"。可以说，茉莉花在当时用以抵抗腐烂疫气的香水中独占鳌头。

人们对麝香味皮革的狂热已经结束，手套很大程度上已经失去了情色的功能以符合一种温柔、优雅的审美。人们用黑麦面粉、蛋黄、明矾和盐做成膏给手套上油，最后用几层鱼油来给岩羚羊皮上浆。从此以后，在公共场合白手套是唯一可以接受的手套。如果人们想给手套沁香则要用清淡的芳香精油，尤其是橙花或茉莉花油。人们如果要美化手部和手臂，晚上会敷美容手膜——以热蜡、蛋黄和甜杏仁油制成的混合物。

沐浴的享受

德让的论著中四分之一的部分谈论香水，但是用近60%的部分谈论脸部、牙齿和头发的芳香护理。头无疑仍是女性最引人注目的身体部分。当时的人们认为，头是人美貌的关键部位，也是人际交往的关键部位。人所有的吸引力都集中于此，头部散发的隐蔽香味使它看上去更美了。和手套一样，人们香发时也弃用了麝香。[①] 不同于前一时代，人们很少再使用香衣了，不过还大量使用"香

---

① 见下文，《丰腴的脸蛋》（*Faces sensuelles*）。

包",它被简化了。如今人们只使用方形和椭圆形的香包,不再形似它所保护的器官了。"我们把干花杂束、香粉和用香草沁过的棉布装在里面",它们"让忧郁的人舒心、开窍",人们贴身佩戴香包,或者把它放在家具里,尤其是床头柜里。它的粉末由鲜花研制而成,根据不同配方加上香柑皮、橙皮或香料。在棉花中浸透香粉,喜欢龙涎香的还可以加上几滴,然后把它放到烘箱里去。1693年,香水师巴尔布先生提到了几个气味更加强烈的配方,其中含有秘鲁香脂、麝猫香、龙涎香、百花香精以及麝香。他推荐的这些香包中都至少包含了这3种动物气味中的一种。[1]

德让认为,洁身的沐浴有重要的作用:它对健康很有必要。他描述了各种各样的沐浴习惯。有一些人像古人一样,每年总共只会在8到10天的时间里不间断地洗澡。还有一些人每周、每半月或每月去沐浴,去浴场沐浴很便利,也可在家中沐浴。有3种沐浴法:水至颈部的沐浴;水至肚脐处浸湿的坐浴;水至腿肚的足浴。一些黄色趣闻中谈到第二种沐浴有时让一些男仆局促不安,因为他们看到有些贵族女士当着他们的面毫不尴尬地袒胸露乳,无视他们的存在。制香大师推荐了一种以甜杏仁、旋覆花、亚麻种子、蜀葵根、百合鳞茎为主要成分的香膏。把香膏装在3个包里:一个大包和两个小包。洗浴的人坐在大香膏包上,然后用两个小香膏包擦身。要使身体白皙、"清洁且没有臭味",还可以加一些最宜人的香味:橙花水、带果皮的水果、(常用)植物性香料、业余爱好者用的龙涎香、苏合香脂和安息香。书中有6页内容谈到肥皂,它可

---

[1] Barbe (le sieur), *op. cit.*, p. 87–89.

能会使皮肤变得粗糙，甚至起皱，因为肥皂是用刺沙蓬、生石灰和橄榄油制成的。因此需要在里面加一点芬芳的香膏让香皂变得柔和，用橙皮、柠檬、鸢尾香粉、葡萄酒醇、几滴橙花油、茉莉花、丁香花蕾和两滴龙涎香作为成分。其他的配方中含有黄檀香、肉豆蔻、鸢尾和省藤，可能还有安息香、丁香和肉豆蔻。此外，还可以加入混合了少量龙涎香的天使香露或上述精油来调香。有些"麝香味的香皂"的成分实际上来自鲜花和香料，并加了几滴龙涎香精华。还有一些香皂中加入了蜂蜜，可以去垢、美白、光洁皮肤、祛除晒黑的部分。作者认为，这一潮流从25年前，即1740年左右就开始风靡。他确定这种习俗直到18世纪中一直在发展、延续。这些芳香的醋是由水果精华制成的，其中包含了香柑、枸橼、鲜花、橙子或薰衣草、百里香和香料。人们会倒一些在沐浴水中。①

上层阶级的人们恢复了晨浴的爱好。蓬帕杜夫人在她的新贝尔维城堡（château de Bellevue）中安置了一间精致的浴室，挂上布歇性感的《维纳斯的梳妆》（*La Toilette de Vénus*）以及《维纳斯安慰爱神》（*Vénus consolant l'amour*）油画。浴室里还有一个坐浴盆，它的椅背是镶木拼花的，椅脚上有镀金铜和金粉装饰，配有一个清洗盆，以及一个锡制的小型喷洒器，在1751年价值为360古金银。②浴缸不仅成为奢侈的象征，还成为肉欲的象征，甚至为那个世纪的情色幻想提供素材。1746年克劳德·亨利·傅赛·德·傅斯农

---

① Dejean, *op. cit.*, p. 475, 485-505.
② Louis Courajod (éd.), *Livre-journal de Lazare Duvaux, marchand bijoutier ordinaire du roi, 1748-1758*, Paris, Société des bibliophiles français, 1873, t. 2, p. 120.

(Claude-Henri Fusée de Voisenon)出版了一本放荡的短篇小说《米萨布苏丹和吉斯米公主》(*Le Sultan Misapouf et la princesse Grisemine*)。小说的主人公米萨布被变形成好几种物品,但保留了视听和思考的能力。当他变成沐浴的家具时,要承受"仙女又黑又油的屁股"的重负。8天以后它被释放了,当他听到这位淘气的小姐对他说:"我觉得你当浴缸当得很好,我在这么短时间里让你看到的东西并没有令你不快。"这位仙女要么有洁癖要么嗜好肉欲,她把铜制的赛拉辛变成了"圣克卢(Saint-Cloud)的细陶质坐浴盆",并且保留了它双腿的功能。他的姐姐跨坐在这个即兴打造的坐浴盆上,说想要骑在这个倒霉的家伙身上报复它,这让读者不禁想象最大胆的亲密场面。

这一主题的作品不计其数。不过别忘了,对于大多数喜欢享受沐浴的人,它带有的自我情欲既是一种时尚,也是一种社交性的表演:要在人前显露才能吸引别人。把身体变得清洁、白皙、纯净,并涂上温和的鲜花和水果香脂。这样收拾一番才能获得别人的敬意,而不至于让人退避三分。德让认为香水只有两种主要功能:"祛除臭味,以及让人从长时间的昏迷中苏醒——把香水涂抹在太阳穴和鼻孔处加以揉搓。"[1] 这就是为什么他提供了一本真正用于脸部和头部的香味护理指南——教人首先远观时夺人眼球,走近后香气袭人。嗅觉是女性美貌无情的最高审判者,它能感知或忽略欲望的信号,而这种信号却是让情侣短期或长久结合的开端。

---

[1] Dejean, *op. cit.*, p. 16.

性感的面孔

"香水师们不仅要使气味变得宜人,还要保养肌肤的美丽,尤其是脸部的肌肤,要使它尽可能地焕发光彩。"德让在关于纯白的乳液的章节开头这样写道。想要享受爱情欢愉的女士们,要用芳香的沐浴清洗身体,然后精心地装扮她的脸以修复时间的伤害,她们需要量力而为,既要符合她的年龄段,又要考虑她想要吸引的异性目光和他嗅觉的审查。"纯白的乳液"这个名称彰显了这部鸿篇巨制的尺度,因为既要显得年轻还要显得漂亮。德让知道一些老配方,他说在乐梅里的作品中找到了这种配方的2个实例,在布莱尼的作品中找到了34个实例。他知道这个产品过去用来清洁、美容,含有安息香(当时叫作苏合香脂),或者醋酸铅液、金银密陀僧、明矾和硫黄。他提供了8种配方,其中一些是古老的配方,还有一些是现代的配方。这些药方用来除痘或祛红点,还有美白功效。他认为香水师们可以凭它大赚一笔,而且这些配方易于制作,在女士们梳妆时就可以调配。

此外,还有33种遮瑕、祛斑、祛红点、祛痘、祛晒黑色斑的化妆水。这些配方中比以前的配方更常使用鲜花、水果(包括草莓、野桑果、天瓜)、莴苣、水田芥、菊苣、白菜、新鲜的蛋、醋。一个称得上"祖传"的配方建议:把烧红了的金反复五六次放入半升优质的葡萄酒中,加入一点酒石,可以用来保湿脸部肌肤。其他几个配方让人想起人们在此前的两个世纪里,广泛使用的动物躯体和排泄物。其中一个老配方建议杀一只白母鸡、混着血涂在长痘或长红点的地方,不要擦,让它自己变干。一位没有完全弃用老配方的香水师评论说,这个配方很简单,"但的确很有效果"。同样,他建议防晒可以使用6条小奶狗,混合小牛血、鸽子屎、掏空内脏的鸽子、"公野兔的血"与"同样分量的人尿"或牛的胆汁,搅拌在一起。他还算是个内行,因为他提醒顾客们不要不就医就使用他的制品,因为红点、脓包或酒糟鼻可能是疾病造成的。不过,他认为还是可以放心使用这些配方来美白脸部肌肤或祛黑、祛红斑和祛雀斑。但是,他提倡使用诸如密陀僧等矿物毒药,这还是让人生疑。

他还提供了27种油性化妆水配方,可以滋润皮肤,使它变得更加柔软、光洁、红润。其中有几种来自乐梅里的古老的配方:含有铅白、密陀僧、动物材料,尤其是鸽子,有的配方中还有小牛脚。其他配方中用了当时常见的材料,以山羊奶和多种植物为主要成分:水果、茉莉花、甜瓜、柠檬等。

用于脸部配方多达60多种,这表明有大量的顾客对此有需求。所有女性都渴望拥有"美丽、白皙、均匀、漂亮而柔软的脸色、白里透红、容光焕发"。最理想的是优雅白皙、光彩照人、没有任何瑕疵的皮肤,以朱红衬托。这种朱红是由荜澄茄(又名尾胡椒)、天堂种子、丁香花蕾、巴西木屑一起泡制在烧酒中,然后蒸馏数次后制成的。"减龄化妆水"由没药、白乳香、活性硫和玫瑰水制成。[①] 作者还提供了一些面部护理的方法,增加了更容易制作的酊剂或煎剂配方;以及用精油、滑石粉和其他成分制成掩盖皱纹的多种软膏;还有用于湿润、提亮面色的维纳斯式手帕的制作说明,这

---

① Dejean, *op. cit.*, p. 138, 184, 190.

些配方肯定和今天一样有前景。

这些产品数量之多说明了人们有一种执念：人的美貌主要看脸，就像长在脸正中的鼻子一样显眼。爱美的女士们挑选完美容秘方后，还要像艺术品一样修饰它。首先，她得像炼丹术师一样用自制药剂擦一遍脸。因为她要精心地为自己调制配方：混合铅白和软膏（德让认为最好用羊脚、蜗牛或5月的黄油），软膏中混合了白铋粉、铅、珍珠或威尼斯滑石灰，使用它可以使脸色变得"光泽、靓丽、可施胭脂"。而且她每次只需制作当下使用的分量，因为剩下的第二天就会很快失去光泽。变美需要下这些功夫，真让人筋疲力尽！

德让认为，涂胭脂是梳妆的最后一道仪式。不论是胭脂粉还是胭脂膏，它们的配方都是相同的：含有巴西木、红檀香树、阿看草根。而胭脂膏只用树胶黏着，可以根据每位使用者的意愿来调配色调，其中加入一些胭脂红和滑石粉。作者认为，"这是梳妆中真正有趣的部分"，这么说似乎并不是在讽刺，梳妆打扮的人也许自己并不总这么认为。而且，要把胭脂完好地放在刷子上，这需要天赋。女士们取研制好的胭脂慢慢地涂在需要着色的地方，然后在"颜色需要更鲜艳的地方"再补一点，"使这个胭脂如天生的面色般有层次感。这就是艺术了"。

对美孜孜不倦的追求并没有到此为止。"嘴唇是脸的装饰：女士漂亮、鲜红的嘴唇显示她的身体健康。"裂开的嘴唇有损脸部的美观。除油膏可以护理嘴唇之外，还有一些产品可以让嘴唇发亮，"为美貌增添光彩"。另外，眼睛的修饰也很重要，是心灵和情感的窗户。他解释道，眼睛是"脸上最美、最精巧的部分"，是"我们最关键的部分"。负责护理眼睛的医生提供了 3 种既能增强视力又能修饰眼睛的秘方：早晚在每只眼睛里滴蒸馏雪水和矢车菊花水、白葡萄酒和锦葵茎、茴香和小米草（这种植物对治疗眼部炎症至今有效）。①

蓬帕杜夫人的眼睛非常明亮，是否因为她也使用了这种手法呢？她显然化了上述的精巧妆容。直到旧制度末期，这些妆容在皇宫里都是必不可少的。伊丽莎白·维杰·勒布伦（Élisabeth Vigée Le Brun）画的玛丽·安托瓦内特的肖像画以及几位大贵族们的肖像画中也恰好展现了这种妆容。她于 1787 年画的皇后和她 3 个孩子的肖像画中，他们的脸蛋都很白皙，而且用红色提亮了面颊。男士们也化妆，涂了少量的朱砂，但有时候会提亮嘴唇的光彩。② 无论是在上流社会还是在调情的场合，按照当时主流的习俗，女性都要用黑色的塔夫绸假痣来突出脸部白皙的皮肤。这些塔夫绸形状大小各异：圆的、椭圆的，或者新月的，"把它放对了位置才能让它变得有价值，这是门艺术"。这些假痣一方面能遮瑕，另一方面按照观者可以轻易读懂的暗码发出爱情信号。最后，牙齿也得到了多种护理。德让认为有 3 种美白牙齿的方法：用矿泉水、粉末或软糖式药剂（同样的粉，用糖浆使它变稠）。后面两种方法会祛除牙齿的釉质，牙齿是"嘴唯一的装饰"，这种不可逆的影响会让牙齿失

---

① Dejean, *op. cit.*, p. 246 – 255, 294 – 303.
② *Vigée Le Brun*, catalogue d'exposition, éd. par Joseph Baillio, Katharine Baetjer, Paul Lang, New York, The Metropolitan Museum of Art, 2016, p. 120. «Madame Royale et le dauphin assis dans un jardin», en 1784, sont maquillés de la même manière, p. 100.他们都的妆容都是一样的。关于男性的文章，见第 59 页（1773 年艺术家的兄弟），第 104 页（1784 年的卡洛纳：图 21）。

去它最好的东西，使其慢慢腐烂。因为，这种配方里含有红珊瑚、明矾、浮石、大理石、墨鱼骨头、鹿角……作者认为，矿泉水是最好的美白牙齿的方法，尽管有些顾客抱怨它的美白效果不佳。他提供了17种不同种类的配方，并补充说蜀葵的根是唯一作为此用的，而常青藤的根已经过时了。一个漂亮女人的牙齿如果变黑了，有时就得使用混合的粉（漂白），但是必须要把它放进丝质的筛子里筛选最细腻的部分，还要在使用前冲洗嘴巴。他提议治疗口气可使用鲜花、堇菜、枸橼、橙花、桂皮粉或龙涎香，以及香块。①

芳香毛发

德让很可能因为有分寸而没有提到女性私处的护理和腋窝的毛发的处理，甚至也没有用隐语提到。人们很可能像之前几个世纪一样继续使用香包，防止在公众场合散发异味。头发的香味护理对作者的启发更大，因为书中五分之一的内容和这个主题有关。德让评论道，在我们的世纪，"几乎每个人都很喜欢自己自然的头发，多亏有了香粉，使它散发香味，并且让它的颜色均匀"。然而上流社会的女士和先生们则偏爱假发，这可以让他们免去每天去浴场装饰头发的麻烦，还可以遮盖脱落的鬓角或秃顶。人们不再喜爱胡须，只用树脂、乳香和油灰制成的炭黑来描黑眉毛和睫毛，以此缓和不讨人喜欢的色差，例如火红棕色。

还有些护发的制剂，其中一个以瘿核作为主要成分，每周使用一次。有许多用于生发或防脱发的秘方。有许多调制制剂的油和精

---

① Dejean, *op. cit.*, p. 220 – 246, 445 – 446, 468 – 475.

华，使其散发果香（枸橼、香柑、橙子、柠檬）、香料或植物香（丁子香干花蕾、迷迭香、百里香、欧百里香）以及非常受人喜爱的花香（堇菜、黄色紫罗兰、茉莉花、黄水仙、石竹、肉豆蔻白玫瑰、橙子花、晚香玉）。它们的主要功能是护发香发。爱美者认为"头热的时候会散发异味"，所以应该让头保持宜人的气味，不然它的气味让人难以忍受。在他的时代，发膏比油更常用。发膏含有猪油、羊油、蜂蜡、杏仁油、辣木核、多种茉莉花和果皮精油等。最常见的是白色香脂，它是其他所有制剂的基本原料。它没有气味，受少数不喜欢香味的人的喜爱。其他香脂的味道和精油一样。最受喜爱的是橙花，因为它是保存得最好的鲜花制剂。最难制作的是黄水仙香脂，它很贵但是"香味惊人"。在他看来，最精美的香脂确实来自意大利的果皮香脂。还有一些离奇的混合，是为特别的客人准备的，比如用带香柑气味的百花香香脂。还有一些香脂棒用来处理头顶的头发。这些配方不仅可以保养头发，还可以"让它易于上粉"或者保持卷发。这些香脂可能会发黄，因为其中往往含有猪油。[①] 1693年，香水师巴尔布先生描述了一种相反的偏好：只用花香油脂来保养头发，不用它来护肤。另外，香脂也衰落了，因为人们更喜欢精油，用精油来涂假发更加方便。不过女性洗发时，花香油脂还是必需的，"只有茉莉香脂、橙花香脂和晚香玉可以持久地让头发清香，其他的花香都太弱了，无法持久散发香味"，他这样说明。[②] 70年后，气味的范围大大改善并扩展了。

---

① Dejean, *op. cit.*, p. 256-264, 336-423.
② Barbe (le sieur), *op. cit.*, avertissement non paginé, «sur les pommades parfumées aux fleurs», et p. 39-41.

香粉的气味

梳妆的最后一步是在头发或假发上扑香粉。德让提到，香粉的消耗量很大，它适用于按自己的品位和需要来上香的所有人。最好的香粉是由高质量的淀粉加上酒精制成的，它非常白、干燥、细腻，很容易黏附在头发上，避免了掉落在衣服上的麻烦，还可以与一些清淡的香水一起使用：最常见的是鸢尾、堇菜（德让注释道：它的味道其实来自佛罗伦萨的鸢尾根，过去人们用这种粉香衣）、西普香水（唯一同时包含了龙涎香、麝香和麝猫香的配方）、元帅粉（含有龙涎香）、石竹、"高级香粉"（含有香柑）、皇家香粉（鸢尾、薰衣草、百里香、月桂）、"海滨香粉"（墨鱼骨、乳香、没药、檀香树）、很受欢迎的布洛涅香水（鸢尾、鼠尾草、檀香树）、黄葵（柏树、檀香、龙涎香）。粉的颜色都可以染成供金发使用的黄色、供浅栗发色使用的红色，或最常用的灰色粉——它使得发色看上去接近银色。还有一些供贵族使用的粉只用鲜花沁香：水仙花、茉莉花、橙花、晚香玉，以及用于紫色头发的鸢尾粉。人们也可以使用迷迭香、薰衣草、百里香、欧百里香来制作香粉，作者补充说与热门的橙花不同的是，这几种不太受欢迎。他总结说每个人都可以自己制作这些混合物。①

手套香水师在1689年获得批准，有了"香粉师"头衔。香粉师负责的社会礼仪直到旧制度晚期都是必要的。朝臣和贵族显然都要遵守这些（用香粉的）礼仪。伊丽莎白·维杰·勒布伦于1784

---

① Dejean, *op. cit.*, p. 423–444.

年绘制的一幅富丽堂皇的肖像画可以为证。画中有权势的财务总督亚历山大·德·卡洛讷（Charles-Alexandre de Calonne）戴着华丽、卷曲的假发。他奢华、闪亮的黑色服装肩上残留了一些白粉的痕迹，显示出维杰·勒布伦精湛的画技。莫非这是她放肆的艺术处理？因为她一点也不喜欢香粉，也从不在自画像上画香粉。维杰·勒布伦在这里是想突出（香粉）的不便之处吗？还是想要调皮地暗示：法国大财政总裁面临当时的财政危机时，为了省钱用了最劣质的香粉，即德让所惋惜的黏力不好的产品？

不论是否富有，那些想要让自己符合严酷的外表标准的城里人往往表现出对香粉的热情。博布朗伯爵（Vincent-Marie Viénot de Vaublanc）在他的《回忆录》（*Mémoires*）里描述了他在1782年回到法国时看到的"新时尚"。他误以为女士们使用的假痣和很多胭脂（和香粉）属于同一种类型。他还注意到一些更有趣的事：她们"都"带着一个盒子，里面放着假痣、胭脂、画笔和镜子，这样可以"自如地"补妆，"何时何地都保持脸色红润"。她们的发型也被如实地记录了下来：额头右上角的头发卷曲、紧绷、上了发蜡和粉；脖子两侧用首饰别针一边各勾了一个香球。脖子后侧的头发扎成了发辫或大发髻，上面扑了更多香粉。香粉的颜色以黄色为主，他认为这是当时的流行色。其实黄色——根据德让1764年的观点——只是3种流行的染色之一。也许当时的人又开始迷恋金发？根据作者的说法，这些有时很邋遢的发粉揭示了淀粉的劣质，也许反映了平民消费的增长。而男人们高高梳起扑粉的发型，形同鸟、敞篷马车、栗子或古希腊风格。观察者解释说，装扮的最后步骤是扑粉。人要隔开一段距离，站在公寓的楼梯平台上，防止衣服碰到粉扑，而且它产生的粉尘会影响别人。最有钱的人有私人化妆室。他们的理发师把粉往天花板撒，粉散落在这个人身上，这样撒上"白霜"，还有人说撒的是"蛋"。作者表示，尽管后面的头发藏在越来越小的黑色的塔夫绸袋里，但它还是扑了很多粉。他随后又开玩笑地提到了假发师粉墨登场的丑态：为了见客户，他们不仅戴着粉白的假发，穿着一身行头在路上经常跑得气喘吁吁，手里还在摆弄刷子和画笔。[①]

可惜博布朗伯爵对头上经香水师装点的细腻气味并不敏感。的确，就算他们离这些散发气味的人很近，过15分钟左右他们就闻不到这些气味了。另外，嗅觉敏锐的调香师比普通的路人更容易识别这些多种多样的发粉的气味。它们的气味几乎都是芳香、柔和，散发花香或果香的。除了为少数人制作的稀有的麝香制剂，大多数不同型号都源自同一个样本。隐性的社会压力激发了一场气味的革命：人们摒弃过于肉欲的动物香水，用更加隐蔽的植物香味来取代它们。德让认为，"人们熏香有两个原因：为了满足嗅觉享受，抑或出于生活需要。为了嗅觉的享受，人们给公寓熏香祛除异味，还给衣物和日用布上香，这时用的是难以名状的温和气味而非浓烈香气"。驱除异味时往往是要祛除传染病产生的异味。人过世以后，"一定要在死者的房间熏香"，医院这么做也是出于同样的原因。"但是气味强烈的香水并不属于这本书讨论的范畴"：它们是由医生提供的。[②]

[①] 引自 Alfred Franklin, *La Vie privée d'autrefois. Les magasins de nouveautés*, Paris, Plon, 1895, p. 96 – 99.

[②] Dejean, *op. cit.*, p. 457 – 458.

就这样，精致、宜人的气味与强烈、预防性的气味彻底分道扬镳了。在十六、十七世纪，这两种气味还混合在一起，未被分开。第一种气味从此与生活紧密联系，第二种气味则与死亡相关联。狄德罗（Denis Diderot）在 1751 年把嗅觉定义为刺激快感产生的感官，把它排在视觉和听觉之后的第三位："我认为在所有的感官中，视觉是最肤浅的；听觉是最傲慢的；嗅觉是最好享受的；味觉是最迷信且最无常的；触觉是最深沉的。"① 在 18 世纪最初几十年里，文化的演变可能很缓慢，但它完全重塑了人们的嗅觉感知，一些被保存下来的书面文件或艺术作品可以见证。过去，嗅觉的作用是识别瘟疫引发的死亡危险，并且通过每个人身上不可渗透的气味护甲来防止有毒气味。气味到了这个时期变成了生活的欢乐之源，首先是挣脱了道德和宗教枷锁的性欲之乐。这个时代的图像中出现的新主题可以佐证这一变化。根据传统的画法，女性身体难闻的气味是通过画在她下半身位置的狗鼻来暗示的。而此时（这一细节）被凸显女性吸引力的表现所替代。意大利画家朱赛佩·玛丽亚·克雷斯皮（Giuseppe Maria Crespi）的一幅有关气味的寓意画中：一位动人的女士在她的左胸处拿着一朵漂亮的红玫瑰，她的左手还抱着一只猫，在她胸口安静地休息。② 爱情也许带刺或者张牙舞爪，但爱情也像人们印象中的猫那样诱惑。也许应该重新从气味的角度更仔细地评价启蒙时代的色情。

当时的色情完全不是放纵的。总的来说，它是微妙的，尽管有

---

① Denis Diderot, *Œuvres complètes*, éd. Jules Assézat, Paris, Garnier, t. 1, 1875, *Lettre sur les sourds et muets*, p. 422.

② S. Ferino-Pagden, *op. cit.*, p. 258–259.

萨德侯爵（Donatien Alphones François de Sade）这样惊世骇俗的例外。那个时代的色情所遵守的社会情爱准则与我们时代的不同。香水可以促进这种性欲，不知不觉地散发香味，轻轻地勾起对禁止的欲望游戏的回忆。这些激情被精致又奢华的小物件包裹、装饰。比如格拉斯特产的香柠檬盒，它出现于摄政时期（la Régence），由柚子皮制作而成。盒子上常常饰有爱情场景，年轻情侣们把它作为互赠的礼物。人们也可以慷慨赠送更加昂贵的礼物，比如用昂贵的香水瓶装的香水。这些香水瓶上饰有神话场景或意大利戏剧、寓言和动物，它们是由英国切尔西（Chelsea）的手工工坊制作的，可能包含了两种不同的气味。它和之前提到的一些香水一起保存于法国格拉斯的国际香水博物馆中。玛丽·安托瓦内特旅行时会带着这些香水瓶，由瓷器、金、银、乌木、象牙或皮革制成，她如同护理一样用香水梳妆。①

　　女性几乎全身被衣服遮盖，潜在的追求者几乎完全看不到她们的身体。德让除手部以外，从来不谈颈部以下的部位的护理。他很少提到女性的胸部、肚子，也很少提到她们的小腿、腿肚、脚、屁股或性器官。不过即使不在保健的沐浴场，女性的身体显然会被注意到。医生倡导用气味强烈的药方来进行身体的保健，母亲也同样重视女儿身体的健康。女性的身体引人幻想，她们荡秋千时会让偷偷观察的人浮想联翩、晕头转向。1764年匿名出版的短篇故事《一位熟谙情爱之道的年轻男子》（*Le feune homme instruit en amour*）告诉我们，年轻女士们也渴望看到赤裸的真相。当这个年轻男子在

---

① *Corps parés, corps parfumés, op. cit.*, p. 225 – 226，附物品的图片。

城堡附近的河里洗澡时，清澈的河水触动了男主人公的"欲火"。当他慢慢穿衣服时，

> 在这片安静的乡间，他看到在窗口，
> 伯爵夫人手里拿着眼镜，用右眼看着他。①

女性唯一露出来的部位是头、脸、手，有时会露出前臂。但在上流社会，她们在人前从来不是自然状态：她们头戴扑了香粉的假发、脸上化了妆，其他部位也常常涂了香脂。她们散发的气味既用来吸引异性，也让异性们感觉置身于一团鲜花、水果的幸福云团之中。她们用手部的动作来招蜂引蝶，手势往往充满了表现力，好吸引眼球。尤其在伊丽莎白·维杰·勒布伦1783年绘制的肖像画中，玛丽·安托瓦内特手里拿着一枝玫瑰。② 德让对此花了30多页的笔墨来说明手在社交场合起到极其重要的作用，因为它透露了脸部妆容所掩饰的衰老（就像今天的女明星损害自己的健康去做面部去皱手术或打肉毒素一样）。他提供的（手部）护理方法与用于脸部的护理方法相同。美白肌肤的同时要保留它的红润，然后用多种制剂软化手部，这些制剂往往都混合了香味。适用于手部的粉末是由甜杏仁及鲜花精油（最常用的花是橙花、茉莉、晚香玉、白玫瑰）或带皮的水果精油加橙花油制作而成的。还有一些配方可以祛除瑕疵或晒斑。手指甲要完美、洁白且没有痕迹。③ 不要忘了吻手礼是

---

① *Le jeune homme instruit en amour*, Paphos [Paris], 1764.
② *Vigée Le Brun, op. cit.*, p. 89.
③ Dejean, *op. cit.*, p. 303–331.

流传已久的礼仪，这是男士向女士表示尊重的方式。也许男士不再亲吻女士戴的手套了，因为手套的作用在18世纪变得没有那么重要。但在当时，这个致敬的姿势在资产者和富裕的城市人中发展了起来。可以想象，吻手礼的流行与能够与女士进行正当的初次肢体、气味接触有一定的关系，尤其是面对一位迷人的女士时。手似乎比以前承载了更大的色情价值，这解释了德让在他的气味论中留给手的篇幅。手和露出的前臂上都涂上鲜花、水果香水，它们延伸美人的面孔、头发释放的美妙气韵，如同在预告将来的美事。手让人对那些勇敢对抗衰老痕迹的女士肃然起敬。

唯独小说家帕特里克·聚斯金德（Patrick Süskind）在小说《香水》（*Le Parfum*）中构思的一位18世纪的巴黎男主人公不同：他被年轻女子身上鲜花般的气味深深吸引，以至于为了取得她们身体的香气把她们拿去蒸馏而杀害了她们。① 因为在当时，曼妙的姑娘不仅衣服里蕴含天然的香味，而且头发、脸蛋和手上也芳香四溢。今天的科学研究显示每个人都有个人的气味。在启蒙运动的世纪，只有近距离才能闻到时尚的小姐的个人气味印记，它如同一丝微弱、短暂的前调，因为沐浴或她所佩戴的香包隐蔽了她们的气味。这种个人气味还被她们涂的花香或果香中调大大掩盖了，其中最受欢迎的是橙花或带皮水果的香味中调。

18世纪的社会发展出了新的气味规范，支配起一套繁复的外表礼仪。大部分贵族都遵照着同一套礼仪和社交法则，他们觉得彼此的气味宜人是因为他们散发的气味相似。只有少数人偏爱过去的

---

① P. Süskind, *op. cit.*

龙涎香味，或者喜爱稀有香水以期留下独特的气味痕迹。而民众一直被贴上臭味的标签。因此，嗅觉对于正确地识别每个人的社会身份起到根本的作用。它还促使人们以新的方式来感知生活中的享乐与肉欲。身体不再被当作囚禁灵魂的恶臭监狱。命运的意义也不再被当作穿越痛苦的泪谷，前往留给大多数有罪之人的恶臭地狱。精致、自然的香水成功地激起人们享受生活的新欲望。当时出现了一些新的哲学思想被广泛接受，色情的观念也惊人地发展起来。女性因而获得了前所未有的重要地位。上流社会中的女性取得了和上流社会的男性一样的性解放，例如蓬帕杜夫人的弟媳马里尼侯爵夫人（marquise de Marigny），她公然与她的情人罗南主教（cardinal de Rohan）出双入对。衰老的女士们不再像十六、十七世纪那样受到猛烈攻击了，她们有办法用香水师精妙的诡计来掩盖烦恼的事情。人们当然总拿她们来开玩笑，指责她们滥用这些花招，但这与之前的反女性行径有了很大的区别。因为过去的人们为女性招来排斥和厌恶，称女性为所谓的臭味之源，甚至对年长女巫百般仇恨，指责她们和魔鬼一样臭。

生命尽头的含义彻底地发生了改变。死亡和地狱不再因日常生活中散发动物性腺香味的皮革或浓郁的麝香味而被人反复想起了。自然从此不再专指可怕的上帝权力。自然中的鲜花和水果为万物带来芬芳，自然的样貌变得理性、可爱、迷人了，卢梭笔下迸发出野生的创造力。与此同时，西方世界开始把死亡从生者视线范围移开。人们从路易十六时期起把亡故的人迁离生者的聚居地，然后把病痛或死亡的场面禁闭在医院里。在工业现代化全面进步的作用下，经济模式为满足人的心理需求也在缓慢变化。它使得男男女女每个人都能散发出精美的香味，创造了一个弥漫着鲜花、水果香的人造天堂。这难道不是为了对抗萦绕整个世纪，特别是工业化初期日益浓重的臭味吗？

皇家香水师

巴黎的香水师安德烈·米谢勒·罗克·布里亚（André-Michel-Roch Briard）的商店位于原来的堂普路（rue du Temple）路口的安托万路（rue Antoine）。根据 1800 年 2 月 14 日记录的死者财产清单，他商店的商品不是最多的。① 另外，公证人并没有提供很多细节，也许是因为他并不认为这些简朴的遗产有什么价值。不过他记录了大量"用于制粉的巴黎淀粉"，总共 7 000 公斤，有两种品质。其中有 46.5 升的橙花（价值估计为 86.40 法郎），4.3 公斤的香柠檬，1.1 公斤的薰衣草，还有一些不具名的香水和精油。这位商家还有 5 颗半麝香颗粒（35.55 法郎）和 2.7 公斤的麝香梨颗粒（19.25 法郎）。价格的巨大差异有助于说明当时的人们喜欢用麝香来加重香味。人们发现他有象牙梳子、鳞片梳子或动物角梳子、牙签、鲸、天鹅的羽冠、牙刷、胡须刷、粉盒、肥皂和香皂。最后，由于曾经生产并销售手套，他的库存中有一些皮革，有"1 号和 2 号"长款漆光岩羚羊皮手套和男士白色漆光岩羚羊皮手套。上述 7 吨淀粉引出了一个谜题，也许死者是淀粉的批发商？总之，用来制作头发的香粉的原材料如此丰富，说明了过去的传统没有因为旧制度的消亡而结束。不过，假发不再那么

---

① AN, ET XXVIII, 594, 25 Pluviôse an VIII, 香水师安德烈·米歇尔·罗克·布里亚（André-Michel-Roch Briard）死后的财产清单。

受欢迎了,尽管它还延续了一段时间。1795 年,当时正背井离乡的著名画家维杰·勒布伦的前夫画商让·巴蒂斯特·皮埃尔·勒布伦(Jean-Baptiste-Pierre Le Brun)画了一幅自画像。画中,他像一位新制度时期的新贵,当时他在政府里取得了一席之地,进入了当时还未向公众开放的卢浮宫的管理层,他衣冠楚楚,头戴漂亮的假发,上面雅致地扑了灰色香粉,他还戴着一顶宽大的黑帽。① 在 1800 年,淀粉似乎是用来打扮自然的头发的。难道不应该与敌军英国人划清界限吗?他们从 1795 年起对发粉征税资助主战争。在法兰西第一帝国时期,女士们流行一天换几次发型,这在当时促进了假发的回归。

贝特朗(C. Fr. Bertrand)于 1809 年出版了《皇家香水师》(*Le Parfumeur impérial*),这本著作在德让同主题的专著出版半个世纪后,更详细地识别了一些气味习惯的变化。作者一直保持神秘,没有提及他的前辈,不过他书中多处受到德让的启发,包括这本书的提纲。比如,作者把以香沐浴的内容放到了最后:一般使用薰衣草、玫瑰或香草。他记录了许多延续至今的古老习惯,比如人们一直使用化妆的醋,认为它是"传染病和有害空气的预防药"。他详细说明了著名的"四贼醋"的配方——人们在 1720 年马赛瘟疫时就用了它来预防。"四贼醋"含有丁香花蕾、蒜、龙胆、芸香、当归属植物、刺柏浆果、苦艾、迷迭香、薰衣草、鼠尾草、薄荷、洋葱、万能解毒药和阿魏草。② 关于脸部的保养,他和德让一样也写

---

① *Vigée Le Brun*, *op. cit.*, p. 236-237.
② C. Fr. Bertrand, *Le Parfumeur impérial, ou l'art de préparer les odeurs …*, Paris, Brunot-Labbé, 1809.按拼写排列的物质的详细列表。关于盥洗醋。第 226、275—276 页。

了很多篇幅。他推荐花香的脸部油膏，并且添加了新元素：山梅花、铃花、木樨花。百花香精的成分里没有牛粪了。还有一种油膏是龙涎香味和麝香味的，这种香味在1760年时又重新流行了起来，但是它的成分里添加了香草香料。另外，有一种古老的蜗牛配方在著名的让·弗朗斯瓦·乌比干（Jean-François Houbigant）的倡导下，也重新流行了起来。乌比干在贝特朗的论著出版的两年前去世了。他把这种古老的蜗牛配方视为"保护皮肤的上等秘方"，并声称他所提供的配方是它的原始成分：羊脂、玫瑰水、百合花、蜀葵根、柠檬、糖、安息香、苏合香脂、硼砂，以及二十几只去肠的蜗牛。① 用于美白皮肤的香脂、白乳或用于调配香袋的香粉中并未含有什么独特的成分。不过他记录道，当时的人们更喜欢用油。这些油是用多种香料、金合欢（刺槐）、天芥菜制成的，有几个配方用了龙涎香和麝香，价格昂贵，很多是假冒伪劣。

自一个多世纪以来，显贵的人们使用这种以鲜花和淀粉制作而成的发粉。乌比干肯定它"有助于梳妆的清洁和雅致，因此被广泛使用，它至今还在欧洲部分地区流行"。我们可以感觉到他提到这种象征过去时代的发粉时有点不自在。他没有提到使用它的任何细节，但很巧妙地称它是现代产品。他解释说因为这个淀粉的制作已经完善了，从此不再需要用白兰地或酒精来提炼。所有人都可以制作它：只要有所需的原料和一个磨机，"新手"都可以像专家一样专业地制作。他所描写的配方中有鲜花、香草、天芥菜、"元帅香"（龙涎香和麝香）、"仿龙涎香"（用麝香）、麝香（含龙涎

---

① *Ibid.*, p. 46–49.

香)、"皇家香"(鸢尾、香草、龙涎香、麝香)。还有一些用于上色:灰色、金色、红棕色或玫瑰色。在君主制度时期,后面两种颜色平添了一种未知的想象。至于脸色,要使它容光焕发、有光泽、无瑕疵、没有晒黑。要像以前的做法一样,上了白色以后再涂红。红色来自胭脂中的红颜料或藏红花粉。用于戏剧表演的妆容需要更深的颜色;在日常生活中,颜色要鲜艳一点。有关清洁牙齿的方法的变化的记录不多,人们最常用的还是珊瑚粉,如果吃了大蒜可以用儿茶或者香芹,也可用浸透在玫瑰水或橙花水的树脂来除口臭。人们在家里用和过去一样的方法熏香:在炉上点燃芬芳的糖片,或者加热以蒸发可能含有儿茶或龙涎香的液体。这些放香花混杂物的透气瓷罐是上一个世纪流行的东西,又被新的精英们所接受。[1]

书中经常提到龙涎香和麝香,证明它们又再次流行了起来。但它们在启蒙运动的时代被无视了。作者惋惜之前的香水师们忽视了手套的生产,现在又重新用鲜花精油沁香。如果想让手套"散发更强烈、更宜人的气味",还要添加麝香或龙涎香。贝特朗明显很喜欢动物的气味,不过他提醒读者使用少量的麝猫香,否则配方的气味会不好。[2] 他那一代人似乎又重新开始欣赏强烈的香味,甚至喜欢带有一点排泄物的浓香。这是否与拿破仑一世时代以军事为主导的社会状态有关?在十六、十七世纪尚武的国王统治时期备受推崇的香味尾调又复苏了,这是否说明:在旧制度世纪,继上一世纪美妙、柔弱的鲜花、水果气味之后,一种征服性的、阳刚的审美标准

---

[1] C. Fr. Bertrand, *Le Parfumeur impérial, ou l'art de préparer les odeurs* …, Paris, Brunot-Labbé, 1809, p. 137, 190, 198, 202 – 204, 230 – 232.
[2] *Ibid.*, p. 319 et index, à «civette».

正在迅速发展？要知道答案，可以观察这种趋势在日后是否仍持续发展还是很快消逝了。

贝特朗把自己定义为蒸馏师。"人们现在使用蛇形蒸馏器。它的操作更加完美，起到精馏作用。"鲜花或香料的香精来自草药水，其中含有龙涎香、麝香、麝猫香精华；淡香水是用这些香精制成的，例如古龙水。贝特朗号称自己拥有最好的古龙水配方：香柠檬、枸橼、柠檬、薰衣草、葡萄牙草、百里香、橙花油、迷迭香。把它们溶解，添加蜜蜂花属植物水（也叫冠鸠），可能还加上一些橙花水来提味。如果人们想要完善它，可以用蒸馏来提纯，使它更加细腻、洁白。这个程序很漫长，因此并不太常见。[①]

要更接近真相的话，可以把贝特朗的思考与一位香水师去世后的财产清单对照。让·弗朗斯瓦·乌比干于1752年在巴黎出生，于1807年去世，他的父母亲都是侍从。[②] 他跟随一位业界的师傅学习，1775年在巴黎的时尚街区圣奥诺雷市郊路（Faubourg-Saint-Honoré）开店，招牌名叫"花篮"。之后，他为皇宫、贵族、资产家提供香水。1807年，他17岁的儿子阿芒·古斯塔夫（Armand-Gustave）为约瑟芬皇后（Joséphine de Beauharnais）创造了一款新香水。这家香水店在19世纪末蓬勃发展，用有机化学制造出了一些独特的产品，他的品牌留存至今。

乌比干的店位于圣奥诺雷市郊路（Faubourg-Saint-Honoré）19

[①] C. Fr. Bertrand, *Le Parfumeur impérial, ou l'art de préparer les odeurs ...*, Paris, Brunot-Labbé, 1809, p. 119–120, 关于古龙水。

[②] AN, ET XLI, 795, 1807年11月23日，香水商人让·弗朗斯瓦·乌比干死后的财产清单。据我所知，这份文件并没有被系统地利用。我只不过描述了一个概况。

号（一楼与二楼间的）的夹层，它的清单确证了《皇家香水师》的作者在书中介绍的信息。第一个清单中有164升龙涎香味的薰衣草及香柠檬，价值估计为每品脱（493厘升）3法郎——比普通的薰衣草便宜两倍，还有醋、化妆水、淡香水（成分不明）、香脂、松紧袜带、链子、梳子、刮舌器、牙签、牙刷、胡子刷。清单中还有一个价值约为48法郎的粉磨，意味着这些香粉都是现场磨制的。除此之外，还有几十把发簌。香水师安德烈·米谢勒·罗实·布里亚1800年的财产清单上写到"天鹅"，指天鹅羽毛。这也许说明了许多风雅人士在家或别处往鼻子上涂粉。这是否是为了修复传统化妆品的损伤呢？还是说用一种更方便的新方法取代了传统做法？不论是哪种，从这一角度来看，贝特朗在1809年提到过的粉色粉末包含了更多的内涵。

这家位于夹层的商店有一扇朝向马路的窗，给室内带来了光源。商店里有几十公斤的白色香粉和一些其他颜色的香粉，还有西普香粉、一些装了胭脂的瓷罐、秘鲁香脂、白乳、香脂——其中有些是条状的、细草、珊瑚、红醋、发梳和眉梳、扇子、别针、大量的肥皂。不过这家店的主要珍宝是香水和精油，其中大多数用于头发，其他许多用于重新流行起来的胡须。关于香水有许多详细的说明。至于粉，最多的是晚香玉粉，有100多千克；还有橙花、茉莉花和鸢尾花粉。83升矿泉水，每品脱两法郎，有玫瑰味、橙花味或蜜蜂花味的矿泉水。每盒估价为3.5法郎的古龙水明显很畅销，因为共有164盒。最后还有最贵的精油：香柠檬、紫罗兰、薰衣草、橙花油和玫瑰味的。玫瑰味香水的发明也许对于专家和公证人来说很特别，因为它售价为每盎司50法郎（30克59厘克）。而橙花油的精油每古两9法郎，比薰衣草的贵两倍。但是薰衣草的需求量很大，它有13公斤。清单上还记录了10公斤的香草精油，也很受欢迎，但是更便宜：每古斤16法郎，价格与龙涎香及麝香一样。它的存量约为4公斤。还有百里香精油、欧百里香精油、迷迭香精油或没药精油，价格是前两种的四分之一。另外，人们还发现1公斤的柠檬果皮。动物香水的数量不多，证实了贝特朗的理论。而且，在商店里还发现了61克的天然龙涎香，价值为80法郎，即每古两约40法郎。

匆匆浏览另一家香水商的商业财产清单即可发现，它总体上也证明了18世纪从宫廷发展起来的气味革命延续至法兰西第一帝国时期。让·巴蒂斯特·亚历山大·布里亚（Jean-Baptiste-Alexandre Briard）的商店位于巴黎大乞丐路（rue de la Grande-Truanderie），他主要向同行们供应原料。这份1810年的材料上有许多可供分析的细节，反映了当时的香水行业受到了一些重要趋势的影响，开始走现代化的发展之路。[①] 这家店里存有大量各种品质的淀粉，其中最多的是最细的淀粉。布里亚用合适的磨机自己生产淀粉，还有一些磨机可以磨杏仁粉。商店里有肥皂（尤其是那不勒斯肥皂）、海绵、许多小方瓶装的化妆醋、化妆水。它们让人想起很古老的习惯，即使容器比较符合当下的审美。他有许多满足顾客需求的容器，比如放香膏的小红珊瑚罐，或是装有6个罐的方形摩洛哥皮具。它们用途不明，或许是女性在旅途中补妆用的？店中最多的原材料明显是鲜花，尤其是橙花和薰衣草，还有带枝的鸢尾花。他还

[①] AN, ET XXVIII, 656, 1810年5月5日，香水商人让·巴蒂斯特·亚历山大·布里亚死后的财产清单。

有细腻的橙花油、香柠檬、牛至、欧百里香、百里香和香子兰,以及混合了花香的水:玫瑰花水、橙花水、香柠檬水、香子兰水;还有油,尤其是甜或干的杏仁油、橙花油、109号香草油。还有多种古龙水,最上乘的古龙水编号为10、12、15和18号,没有任何相关说明能解释其中的区别。这类专业分类以及运用在库存中其他产品上的专业术语都意味着香水行业正逐渐专业化。香水师们向公证人建议,在估价时使用这类专业术语来标记不同品质的产品之间的区别。而3年前,在乌比干的店里,只有估价的数字能够说明(清单里)盘点的精油有多么贵重。

1810年时,布里亚的商店里还有一些麝香,价值为10法郎。但这并不足以证明动物排泄物气味的回归,虽然贝特朗的著作或其他香水师在1800年和1807年的清单中是这么说的。我们可以想象,人们可能仿造这些稀有、珍贵的成分,或者可以通过专业的商业渠道购得而非通过行业的批发。举例来说,人们在荷兰就可能找到麝猫香,贝特朗在《皇家香水师》中解释说道,荷兰人饲养异域的动物。[①]

一些不确定也并非坏事,它可以激发好奇心:为何当时在法兰西第一帝国时期被重新发现的强烈香味尾调又消失、消散了?根据我们使用的原始资料显示,这些强烈的香味尾调在当时构成了一种相对次要但使人迷惑的趋势。还有待详细说明的是18世纪发生的花、果香味的气味革命受到了多大范围的抵抗,以及它的历史年代。花、果香味在19世纪初又占据了主流。假发所象征的不平等

---

① C. Fr. Bertrand, *op. cit.*, liste des substances, à «civette».

虽然为启蒙时代所不齿，但它为新的精英们优先带来了幸福与进步的芳香，因此反倒在拿破仑一世时代遗留了下来。因为"幸福"和"进步"这两个含义丰富的概念，正是启蒙哲学家们所发明的。

结　语

　　气味一直非常社会化。嗅觉被二元代码所支配，它传递给大脑负面、紧迫、危险的信号，或正面、安全，甚至愉悦的信号，与人类族群的原初忧虑天然交织在一起。嗅觉既能感知到危险以避免有毒物质，又能感知到物种生存所需的色情吸引力。嗅觉表现得既有弹性又有适应力。从古至今，世界上所有的文化都懂得操纵嗅觉，既把它与人们极度厌恶的事物联系在一起，又与想象中最完美的事物结合起来。因为一个人对气味的感知并不是天生的。被触发的短暂（嗅觉）刺激最初是一种对潜在危险的警告，嗅觉系统首先要定义气味的好坏，然后再记住它。学习辨别不同气味的过程很漫长。在我们的社会里，孩子们直到四五岁甚至在 8 岁之前都喜欢自己排泄物的气味，尽管人们花了很多功夫去劝阻他们。当下还没有普遍的气味标准。例如文艺复兴时期的法国人生活在恶臭的环境中，对自己的屎尿没有一丝反感。这些东西在文学和诗歌中被称作拉伯雷式"快乐的物质"，可以娱乐上流社会。医生们在药方中大量使用屎尿，在为女性开的美容秘方中更是如此。当时的人对肛门毫不压抑，对于恶心的臭味浑然不觉、习以为常，以至于他们偏爱取材自动物排泄物的香水。

在十六、十七世纪，人们对气味的学习是十分道德化的。[①] 尤其是 1560 年至 1648 年间的西欧，人们在血雨腥风的宗教战争时期，经历了宗教狂热，对气味十分苛刻。与此同时，人们还建立了一套善恶对立的世界观。尤其是反宗教改革运动把可怕的上帝形象和无处不在的魔鬼形象根植于不知悔改的罪人心中：魔鬼经造物主允许来引诱人类，让他们必须通过努力来拯救自己。嗅觉被调动起来，向基督徒们展现截然相反的两条道路：一方面，好闻的气味属于天堂般的乐趣，向世人预示神的来临，正如体格强健的信徒的遗体散发就是"圣洁的气味"；另一方面，臭味与魔鬼紧密相连，魔鬼——恶臭地狱的主人本身就发臭，为犯罪之人预留了惩罚的场所。气味一直使人情绪焦虑，即使这些气味来自自然。因为空气传染的医学理论把接连不断的瘟疫归咎于受感染的气体。这一解释把气味当作大地上无处不在的撒旦的隐喻，那些没有能力抵御瘟疫的治疗学家们由此提倡使用更臭的气味来对抗瘟疫，以毒攻毒。比如预防瘟疫措施中就有这些方法：把屋里熏满令人作呕的气味；在屋子里放一头活的公山羊；或者出门前闻一闻茅厕的气味。从《圣经》中的夏娃以来，女性们传统上被当作魔鬼的同谋，她们经历的是历史上最厌恶女性的时期。尽管优美的年轻姑娘受到七星诗社诗人们的赞美——诗人们显然希望从她们身上受益，但是女性其实承受着更严格的男性监管，因为人们指责她们使男性和所有神作都蒙受危险。根据体液理论，女性的体液又冷又湿，气味比体液又热又干的男性

[①] 这并不是我们时代特有的，与帕斯卡尔·拉德列尔所说的相反，P. Lardellier (dir.), *op. cit.*, p. 12。

难闻许多。女性的月经有毒,它会破坏并导致周围人死亡。女性即使绝经以后仍受到质疑,年老的女性还会遭到强烈的仇视,这源于当时的文学作品所传播的思想。老妇被指摘气味恶劣,引起异性巨大的恐慌。她们难闻的衰老气味难道不是在提醒男性:人终有一死,而且给他们预留的还有地狱里恐怖的折磨?魔鬼学这类神学学说与此同时也导致了许多国家围剿所谓的女巫,使男性对这样一个神话产生恐惧:年长的女性会变成神秘的夜间教派的成员,为魔鬼的胜利效劳。人们竖起几千根柴堆消灭了那些被告发的女性,这证实这个神话具有强大的诱导性。然而加以她们的罪名都是捕风捉影:溜去巫魔夜会;将没有受洗的孩子们的尸体做成糟糕、地狱般的腐烂菜肴;参加魔鬼附身的仪式;危害身边的人,对人、动物、收获的农作物使用巫术。此外还可以发现,人们为了说明女性的恶臭,也许还巧妙地援引了古希腊神话中吞噬所到之处的所有东西的哈耳庇厄的典故?

在动乱、残杀的背景下,末世论的焦虑占据了基督教思想的主流。这种焦虑通过教会代表人物发表的可怕言论,经受了激进宗教教育的在俗说教者们传播,不知不觉地渗透人们的日常生活。在个人层面,人们对末日的恐惧表现在一些预防措施上。这些预防措施不仅寄托了人们拯救自己灵魂的希望,还被用来抵御有害物侵入身体。不过人们认为,瘟疫流行时期(采取预防措施)主要出于第二种动机,他们担心魔鬼的呼吸会危及每个人,因此人们需要制作无法穿透的屏障。当时的医生们认为,人体有细孔,可能会通过水感染上疾病。因此,至少在 17 世纪中叶之前,沐浴和晨浴被摒弃了。因为空气中潜藏着主要的污染危险,人们认为有必要用气味全副武装来抵御它。每个人都身穿一个用气味打造的护甲。它的主要功能是抵抗隐形的腐化,所用的主要是气味诱人的动物性香水:龙涎香、麝香和麝猫香。此外,在瘟疫时期,气味护甲还用来远离受感染的人。它为走在街上的健康人制造了一个无法穿透的屏障,帮他们免受瘟疫感染。在1720年以后,法国的土地上没有再发生过瘟疫,这个机制因而日渐失效了。

在这个巨变发生之前,任何人在瘟疫期间都像一座被恶魔成群包围的、小小的上帝之城。成年人如同被紧裹在襁褓内的婴儿一般沉浸在他们的汗水和臭味之中。因为卫生措施的稀缺,人浑身上下的肌肤始终被厚厚的衣服和必不可少的手套所遮盖,衣服和手套上都散发着强烈的气味。人们一直使用强烈的气味,认为它有助于预防耳、鼻、口的传染,更强化了把身体完全闭锁起来的意愿。人的头部和颈部一直是被遮盖起来的。皱领、皱边、假发普及以后,也起到了同样的预防作用,并成为贵族的装饰。尽管人们在去受感染地区时还试图把脸遮盖起来,但是脸仍是全副武装的身体中唯一暴露在外的部位。富人和贵族为了预防瘟疫,在脸上抹白粉和胭脂,在头发上扑香油、香脂或香精。

当瘟疫的灾难远去后,这全套香味甲胄被用作社交中的炫耀工具。那3种气味迷人的动物香水必然组成了征服爱情的尾调,在尚武的世界里尤其受人青睐。人们向来大量使用它,这种习惯使得它的色情价值也在之后数个世纪里不断提升。因为香味被普及了的保护作用与下地狱的威胁相矛盾,道德主义者以此威胁那些为了感官的享受而浑身涂满了香水的人。如果虚伪地援引一些必要的医药措施作为借口,就能轻易避开对香味的禁用。龙涎香、麝香、麝猫香因此占据了当时文化的中心。它们无处不在，被广泛用于各种功能、各种类型的皮具上。它们的气味持久，可以稳定中调的花香，使芳香更持久。但是这种气味不能挥发、扩散，被当时主流的品位降至次要位置。而且柔和的香水无法抵抗那个时代典型的体味，女士们并不比男士们更常洗澡。即便她们在一些关键部位涂了大量香粉、在香衣下藏了香袋，她们散发的气味肯定还是不太美妙。她们的伴侣散发的气味就更糟了，因为受到（崇尚男子气概的）文化影响，他们无须掩盖本身的体味，希波克拉底的信奉者认为，那些体味本身就是美妙的。我们对此感到怀疑。浓厚的麝香香味也无法完全掩盖男性和女性的腥味、腋臭、"羊肩"味、烂牙馊味以及口臭。医生们表达的是性别歧视的偏见，声称主要是女性气味难闻，这种偏见在古希腊就已经很常见。另外，有记录称亨利四世和路易十四的脚都非常臭。男性对此普遍听而不闻，其深层原因很可能在于他们拥有比女性更受尊重的地位。在这种情况下，也许阳刚的轻步兵即使闻起来有点臭，也不会招致邻人恶毒的评价；而女性如果散发难闻的气味，就很快会因此被人贬低，揣测她掩饰了某种疾病或来了月经。

看来气味被极度"性别化"了。诚然，人可以凭视觉远距离挑选出一位看起来很健康的性伴侣，孕育能够成活下来的孩子，这是物种生存的首要机制。但人靠近时，嗅觉就接替了视觉（的择偶工作），尤其是在十六、十七世纪的社会里，因为皇宫里所有的女士和资产者都遵循统一的范式：她们的身体通常不暴露在外。除了路易十三统治的短暂时期里，优雅的女性中间曾流行过一阵露乳的风潮，在当时引发了一片愤慨之词。至少青年人可以从中感受到一种罕见的视觉享受，同时也无意间获得了气味的享受——这种天生的情侣配对机制是今天的生物学家所关心的。在那个时代，人通常只有脸和头发显露在外，有时候可以看到前臂，但根据当时的时尚人需要戴手套，因而手很少露出来。这就很容易理解为何香水师尤其关注女性的头部：他们可以推出许多美容产品来发财。不过这完全不会让美丽的女士们变得更有个性。相反，这让她们被一种范式同化：脸要白皙、有光泽、平滑、没有任何瑕疵，并用精心点缀的胭脂烘托；要避免褐色肌肤及皱纹；牙齿必须如珊瑚般完美。总之，（女性）要显得青春永驻、容光焕发。化妆品的白色基底通常是由危险物质甚至毒药制成的，但许多（肤质）不太完美的女性用它来遮瑕。所有的女性因此都很像面颊红润的陶瓷娃娃。另外，还有气味相似的各式脂粉，用于头发的油、香脂和粉。17世纪宫廷中流行戴假发的时期，还有一些香味的彩粉用来突出金色、栗色和灰色的假发。女士的妆容越来越统一了。保持脸面需要不懈努力直至掩盖个人身份。在这种情况下，怎样才能知道花园里所有样貌相似的人中哪一位才是理想的伴侣？16世纪有一位博学者波尔塔认为，女性生殖器官的大小与她的嘴、唇的大小协调，而且男性生殖器官也提供了类似的详细信息。[①] 但这一方面的情况微妙，最好还是试着获取一些更具体的信息。从近距离，只有嗅觉可以起到这个作用，它在大量、强烈、流行的香水味中仍能检测到令人不适的气味。风流的男士可以如此得知女士们藏在精心制作的面具之下的年龄和健康状况。他的鼻子尤其可以区分年轻的姑娘和年老的女

---

① 见上文，第三章。

性——在他们的文化中,年轻的姑娘象征着生命和爱情,年老的女性被认为有臭味,代表魔鬼般的危险和死亡。与人们幻想中的过去的时代相反,嗅觉在当时比现在明显发挥了更重要的作用。

18世纪时发生了一场真正的嗅觉变革。它发端于17世纪中期,当时沐浴及身体护理的习惯在城市里又复兴了。龙涎香、麝香和麝猫香也慢慢被摒弃。路易十四的态度很可能不是主要原因,他年轻时酷爱香水,但是从1680年起就无法再忍受除橙花香水以外的香水了。他是因为听从了道德主义者对于香水世俗使用方法的传统训诫,继而对罪恶和地狱感到恐惧。嗅觉变革的起源肯定比这更加复杂。因为缺乏更多的研究,我无法使这份(嗅觉变革的)编年表更精准,然而我尝试确立一些历史节点,并在其中填充解释性的假设。鲜花、水果(香味)的革命似乎比历史学家所说的更早。德让的《气味论》证明这种革命似乎在18世纪开头几十年里就开始了,在1750年之后大受欢迎。我认为,这一演变与法兰西社会整体的演变有关。因为法兰西王国从征服性的尚武文化转变成饕餮的霸权文明——前者凭借让人产生犯罪感的宗教来稳固,后者成为整个欧洲的典范。这一时期,哲学家们对衰落的天主教会提出异议;经济进步促进了人们对美食及帝国领地提供的异域香料的喜爱;人们摆脱了风俗教化的限制,包括在平民百姓中,色情深入人的思想及装饰之中。享乐推动了这种气味的变革,使之前的(宗教)狂热失去了影响;瘟疫消失了;大饥荒停止了;战争也远离了法兰西王国。在这个刚平息下来、信奉享乐主义,甚至享乐至上的世界里,人们需要一些新奇、美妙的自然芳香来伴随文明的进程。卢梭使自然风行一时。在人口增长及工业化初期,宫廷和城市都变得越来越臭。之前被摒弃的醉人麝香气味又在宫廷中被重新采用。在法国大革命前,医学、化学、香水的进步都加强了这种趋势。只有贵族女士的形象没有发生改变,她们必须凭借香水师把自己打扮成永远青春美貌的样子,像白色、粉色的娃娃一般。直到拿破仑一世时期,香水师们又发明了一些美容秘方,还重新使用了一些十分古老的秘方,例如让·弗朗斯瓦·乌比干著名的蜗牛香脂。在《皇家香水师》中引述的现代版本中还要把蜗牛的内脏取出来。至少(人们对气味)厌恶程度提高了。一些专业的气味论著已经很少谈到动物的排泄物了,提到人类的排泄物的就更少了。

鲜花、水果和香料味的香水成为主流。不过麝香味、龙涎香味的香水在法兰西第一帝国时期又回归了,即使它们只有少数客户,且需要更加明确其身份。据我观察,在法国征服欧洲大部分地区的时期,尚武的价值观可能再次产生了影响。嗅觉是开放的。对于当时绝大多数的人来说,世界的气味格局发生了明显的变化。而贵族的女性例外,她们永远白皙、光滑,如旧制度时期一样合乎标准。人身上的其他部位,包括扑了香粉的头发从此散发着清淡的芳香。最大的气味变化莫过于人的体味,因为沐浴时也巧妙地沁过香味,并且有了身体护理。从1809年起,人们用蜡脱毛,这也祛除、限制了体味。① 人们不再需要用手套、衣服和香包上散发的强烈麝香尾调香来掩盖身体的异味了。曾经顽固的体臭增进了两性之间的吸引,而沐浴习惯的回归后,人们如今转而使用能传递、提升亲密感的清淡的中调,两性游戏从此与动物分泌物的气味彻底分离。这个

---

① C. Fr. Bertrand, *op. cit.*, p. 279 - 280,关于用蜡去毛。

转变非常重要，它使得人们得以把气味与对香味含糊的感知分离开来。香味因为曾经被用来对抗瘟疫，含有让人反感的药味，同时在两性关系中又起到社交吸引的作用。难怪1751年后狄德罗认为嗅觉属于最好享乐的感官。自那时起，时尚的人们身上飘逸的美妙香气不再是为了防御死亡，而纯粹是对生命、对享乐、对爱情的召唤。

尽管在此之后仍然发生了一些变化，与我所说的不尽相同，但是香水所暗含的性信息延续至今。在20世纪发生的深远变化之前，资产阶级的礼仪都禁止裸露身体，即便是在海滩上。人们也总是用美丽、白皙的脸蛋来衡量女性的吸引力。在很长时间里，头发都是被遮盖住的，包括平民女性的头发，因为它着实具有很强的性吸引力。香水不仅在几个世纪里帮助美人施展魅力，同时也制造了审美性的愉悦。很久以来，香水的气味与芬芳的花香、果香紧密相连，这种香味在2000年以后也一直占据主流。从19世纪末开始，这些天然的产品被一些合成分子所替代。另外，香水被广泛普及，男士香水也迅猛地发展了起来，它们符合男性和女性神话中所表现的男子气概。

当下的西方世界没有达到人们声称的除臭程度，美国是一个明显的特例。在美国，人们普遍拒绝气味，这似乎与加利福尼亚地区的人对永远年轻、美丽的身体的崇拜是互补的。这类让人赞美的身体完全不需要粗俗的汗毛及化学的香味。另外，人们对微生物的恐惧及对皮肤接触的保留，尽管出于善意，也让我们认识到年轻、美丽的身体对情爱关系至关重要，而且人的身材在海滩或酒店泳池一览无余。这让那些不得不严格控制饮食的人感到懊恼。夏天来临时，媒体反复播放一些让人产生负罪感的调查研究：保持体形十分必要，因为这样才能大大方方地在人前展示。有时人们不敢在公共场所或饭店里喷香水，尤其西海岸地区的人们，生怕妨碍到周围的人。无论气味好坏，许多美国人都会对它感到不适，他们最理想的状态是无气味、无体毛、男性无胸毛，时尚杂志上的男性甚至连头发也没有。年轻女性们则使用激光在阴部、腋窝、大腿、小腿处脱毛，有时甚至会脱除唇毛。对所有可以让人联想起人类动物本性的事物的拒绝，很可能符合人们想使时间停止流逝的深层欲望，仿佛这样就可能阻止衰老和死亡。个人主义的文化表达向强烈的自恋发展，这种态度中充满了焦虑，被许多售卖美梦的人所利用。他们以延缓衰老、保持青春魅力为承诺，从中捞取巨大利润。从这个角度看，任何强烈的气味，无论臭不臭，都会发出一种极度危险的信号，因为它会再次引起人们对腐烂的恐惧，而无味会让人联想到抗腐的功能。

今天的欧洲人更好享乐、更难产生犯罪感。人们重视气味，包括在法国，气味强烈的奶酪很受人欢迎，而其他地区的人们也许没有那么乐意接近它们。一贯的除臭做法在这里似乎并不是一件美事。但香水在这里很受喜爱，尤其在两性吸引的场合发挥可喜的作用，并紧跟快速变化的潮流。

其实在古老的欧洲和美洲新大陆，人们都用香水来吸引别人。这么说似乎没有考量人类永恒的创造性。我曾想总结时略带挖苦地建议调香师们关注一下曾广受男性征服者青睐的麝香味产品，以便为我们标准化世界里的单调气味增添一丝刺激，并停止对人类的动物本性不切实际的禁止，正如北美人的做法。不过近年来正是在北美发生了一些新奇的事。2013年，一家创建于加拿大多伦多的公司开始探索一个独特的、彻底区别于北美洲品位的缝隙市场:"动物学家"香水(Zoologist Perfumes)重新发现动物的气味,并希望80后的一部分年轻人会喜欢它。① 这个品牌的起步让人失望,因为2014年推向市场的"海狸"香水配方对大众来讲气味过于浓烈了。他们在2016年调整了配方,添加了一些新鲜的成分确保它更具吸引力:前调由椴树花、麝香、橘柑组成;中调由海狸香、鸢尾和香草组成;尾调由麝香、矿石灰、雪松、龙涎香组成。这些被遗忘的气味又回归了,但如今它们完全来自化学成分,并用传统的果香和花香加以调配,它会受到年轻男士或女士群体的喜爱吗?产品的品种迅速增加,这似乎又表示人们对它的兴趣越来越大。这家公司在2017年初还推出了蝙蝠(Bat)香水——让人联想到蝙蝠的气味,还有麝猫香香水(Civet)、猕猴香水(Macaque)、熊猫香水(Panda)、犀牛香水(Rhinoceros)、蜂鸟香水(Hummingbird)、夜莺香水(Nightingale)。

　　美国人也开始参与这场冒险,说明资本发生了迷人的运转:纽约的一个品牌推出了"我的野兽",另一个品牌推出了皮革气味的"瑞典人"香水。人们还可以从"精美的尸体"香水中闻到麝猫香,从"莎乐美"香水中闻到海狸香,这两个组合大概可以唤醒人们最黑暗的欲望。一位记者提出了这样一个问题:千禧年后出生的年轻人在这个科技和虚拟的世界里,难道不需要自身动物的那部分吗?当时这家生产瑞典人香水(Suédois)的小公司的老板十分恰当地回答:这种气味暴露了一种病态的冲动。他补充道:而且格拉

---

① 参见网站 https://www.zoologistperfumes.com/

斯不仅是法国过去的香水之都，也是过去的鞣革之都，以至于死亡的味道与鲜花的味道紧紧地糅合在了一起。①

　　北美的顾客们未必充分意识到自己选择的动机，除了想要打破主流的无气味传统的人。总之，当他们回应与动物性有关的性吸引信号时，也重新发现了一种完全不被赏识的感官。这些香水散发的浓烈气味如同普鲁斯特的马德莱娜蛋糕一样被自动编入了气味记忆里，不由自主地唤起了人灼热的性欲。至少它让有利可图的商家们散布了如此诱人的广告。加拿大英语地区的香水设计者直接汲取了自然元素。而美国的香水设计者是否对法国男性具有浓郁的香味和性欲的刻板印象进行了夸张？我们对这一差别应该抱怨还是感到高兴呢？"我的野兽"（Ma Bête）直接从20世纪20年代在法国制作的"动物"香水配方（Animalis）中汲取灵感，"动物"配方中包含了真正的麝猫香精、海狸香、麝香和闭鞘姜属（一种植物）。它的气味不太宜人，让人想到身体、汗液和马厩。要把这个产品与其他产品调配在一起才能获得一种让人无法抵抗的香水。"我的野兽"香水（Ma Bête）的最新版本也同样如此，它包含了鲜花的气味：茉莉花、橙花油以及广藿香。这些产品在某种程度上都文明化了，在潜意识里唤起了一个充满魅力的神话，法国的男演员们像莫里斯·切瓦力亚（Maurice Chevalier）都是这样出名的。这款香水的调香师在一个采访中说，它显露了"我们的动物天性"，并创造出一种介乎于美女与野兽之间的张力。我们可以理解，她认为女性是这个产品的主要客户群，或者说女性是被它支配的受害者，她们

---

① Rachel Syme, «Do I smell a bat? Oh, it's you», *The New York Times*, 27 octobre 2016, p. D5.

既被这一组合吸引又被它排斥。男士则位居其次，他们往身上涂香水是要把自己变成充满费洛蒙的法国唐璜。"你不洗澡，那么我要来了！"这句被人们认为出自亨利四世或拿破仑一世（Napoléon Ier）之口的尖叫，美国女性可以为它翻版了。因为（美国）当地根深蒂固的成见认为，高卢雄鸡们①不太用除臭剂……

资本主义强大的力量让人倍感意外，大大提高了道德审判的价值。资本显然可以通过"臭美公子"（*Pepé Le Pew*）——一个 1945 年上映的同名动画片里的人物形象——把浓郁的臭味变成了魅力，至少对一部分年轻人而言。该动画片在 1949 年获得了奥斯卡奖，并一直很受欢迎。而这个人物形象戏谑地模仿了一个美国人眼中的法国人：Skunk（有条纹的臭鼬）身上散发一种让人难以忍受的味道（Pew 可以表达"呸！"），还一直纠缠着漂亮姑娘，向她们献殷勤。在春天的巴黎街头，他试图用幽默的性格和难以模仿的口音来吸引漂亮姑娘。他的几次奇遇都凸显了美国人对于气味的执念，比如，他身上喷了除味剂哄骗他要追求的姑娘。麝香香水的调香师们若是看了动画中关于古龙水（*Little Beau Pepé*, 1952）的那集，一定能找到坚持这种配方的理由，因为如果把麝香香水与人的天然体味混合起来，那么这完全会让女孩疯狂地爱上他。

在这个全球化、面对快速碎片化危险的世界里，民族主义和民粹主义是否会加剧至今毫无气味的年轻一代好斗的本能？麝香味的香水是否有朝一日会重新占据主流？它所蕴含的巨大的利益前景是

---

① 高卢雄鸡是法国的拟化形象，在此指法国男性。在拉丁语中，公鸡和高卢是一个词：gallus。法国历史上是高卢人的栖息地。高卢地区的主要部分，即是今天的法国。罗马历史学家苏维托尼乌斯在《罗马十二帝王传》中将公鸡和高卢人并提。——译者注

否会促使生产者们对此大量投入,以期盼这种被抑制的产品有朝一日回归呢?为此,他们需要让大量潜在顾客相信这种产品能够抑制文明化过程中人们产生的焦虑:对衰老的恐惧、社会联系的加速瓦解、爱情关系的深刻变化。也许此类需求在欧洲不太明显?人们发现法国的香水很少再使用动物成分的香水:Kouros 和 Parfum de Peau 在 1980 年代经历了黄金时期;2017 年又增加了"疯狂的女士"(Mad Madame)、"德尼·度朗时装"(Denis Durand Couture)、"处女"(Vierges)和"斗牛士"(Toreros)几款香水。

  气味的二元代码是人类最简单的感官警戒系统之一,但嗅觉也是最根本的感官之一。因为从人类的黑暗时代开始,嗅觉就能区别生命与死亡、危险与安宁,并不断适应社会和文化的演变。只要人类尚未变成机器人,嗅觉就是识别、适应焦虑或愉悦的首要感官之一。在痛苦和欢乐铺成的生存之路上前行,嗅觉难道不是必需的吗?

资料与参考目录

关于引文的提醒

本书中保留了所引用的著作的原标题。为了方便阅读，我根据如今的书写标准调整了引文的拼写法、标点符号和大小写，未修改语言风格，必要时在括号中为一些今日不再使用的古语提供了注释。

主要手稿资料

法国国家档案，巴黎

Inventaires après décès (IAD), extraits du Minutier central des notaires de Paris (Un chiffre romain après ET indique le numéro de l'étude; vient ensuite celui du dossier)

- ET CXXII, 3, 7 mars 1514 (n. st.), Jean Eschars, marchand épicier et apothicaire.
- ET XXXIII, 6, 5 mai 1522, Robert Calier, marchand apothicaire.
- ET XXXIII, 2, 10 juillet 1528, Geoffroy Cocheu, apothicaire.
- ET VIII, 530, 27 avril 1557, Jean Binet, marchand gantier.
- ET C, 105, 10 avril 1549 (n. st.), Guillaume Degrain, gantier parfumeur.
- ET VIII, 426, 18 septembre 1581, Nicolas Lefebvre, gantier.
- ET XXIV, 148, 5 novembre 1613, Dominique Prévost, marchand parfumeur.
- ET XXXV, 240, 20 juin 1631, épouse de Pierre Francœur, parfumeur et valet de chambre du roi.

- ET VII, 25, 15 juillet 1636, Antoine Godard, marchand gantier parfumeur.
- ET XLIX, 304, 12 février 1637, David Nerbert, parfumeur gantier.
- ET CXIII, 13, 4 juin 1641, Nicolas Rousselet, gantier parfumeur.
- ET XXVI, 85, 5 septembre 1642, Charles Mersenne, marchand parfumeur.
- ET XXVI, 85, 19 février 1644, Pierre Berger, maître apothicaire.
- ET XXIV, 431, 14 avril 1649, Pierre Courtan, marchand « à la Croix de Lorraine ».
- ET I, 133, 14 juin 1659, Louis Le Clerc.
- ET XV, 383, 3 avril 1702, Nicolas Delaporte, marchand gantier parfumeur.
- ET LIV, 794, 21 juin 1735, Jean-Baptiste Douaire, marchand gantier parfumeur.
- ET XXXVIII, 317, 6 juillet 1750, épouse de Jean Poittevin, gantier.
- ET XXVIII, 594, 25 Pluviôse an VIII (14 février 1800), André-Michel-Roch Briard, marchand parfumeur.
- ET XLI, 795, 23 novembre 1807, Jean-François Houbigant, marchand parfumeur.
- ET XXVIII, 656, 5 mai 1810, Jean-Baptiste-Alexandre Briard, marchand parfumeur en gros.

法国加来海峡省阿拉斯市立图书馆

Registres des ordonnances de police de la ville d'Arras
- BB 38 et 39 (fin du XIVe siècle et XVe siècle).
- BB 40 (XVIe et XVIIe siècles).

印刷资料

- Aubigné, Agrippa d', *Œuvres*, éd. par Henri Weber, Paris, Gallimard, 1969.
- Barbe (le sieur), *Le Parfumeur françois*, Lyon, Thomas Amaulry, 1693.
- Baric, Arnaud, *Les Rares secrets, ou remèdes incomparables, universels et particuliers, préservatifs et curatifs contre la peste…*, Toulouse, F. Boude, 1646.
- *Bastiment des receptes, contenant trois petites parties de receptaires. La première traicte de diverses vertus et proprietez des choses. La seconde de diverses sortes d'odeurs et

composition d'icelles. *La tierce comprend aucuns secrets médicinaux propres à conserver la santé...*, Poitiers, Jacques Bouchet, 1544.

- Béroalde de Verville, François, *Le Moyen de parvenir*, Paris, Anne Sauvage, 1616. Corrigé par Les Bibliothèques Virtuelles Humanistes, www. bvh. univ-tours. fr/
- Béroalde de Verville, François, *Le Moyen de parvenir (1616)*, éd. par Michel Jeanneret et Michel Renaud, Paris, Gallimard, 2006.
- Bertrand, C. Fr., *Le Parfumeur impérial, ou l'art de préparer les odeurs...*, Paris, Brunot-Labbé, 1809.
- Blégny, Nicolas de, *Secrets concernant la beauté et la santé, pour la guérison de toutes les maladies et l'embellissement du corps humain*, Paris, Laurent d'Houry et veuve Denis Nion, 1688 – 1689, 2 vol.
- Bonnaffé, Edmond, *Inventaire des meubles de Catherine de Médicis en 1589*, Paris, Auguste Aubry, 1874.
- Bosquier, Philippe, *Tragoedie nouvelle dicte Le Petit Razoir des ornemens mondains, en laquelle toutes les misères de nostre temps sont attribuées tant aux hérésies qu'aux ornemens superflus du corps*, Mons, Charles Michel, 1589 (Genève, Slatkine Reprints, 1970).
- Bourgeois, Louyse, dite Boursier, *Recueil des secrets de*, Paris, Jean Dehoury, 1653.
- Brantôme, Pierre de Bourdeilles, seigneur de, *Vie des dames galantes*, d'après l'édition de 1740, Paris, Garnier frères, 1864. Éd. numérique, Project Gutenberg, non paginé.
- Bruel, François-L., «Deux inventaires de bagues, joyaux, pierreries et dorures de la reine Marie de Médicis (1609 ou 1610)», *Archives de l'art français, nouvelle période*, t. II, 1908, p. 186 – 215.
- Brunet, Gustave, *Correspondance complète de Madame, duchesse d'Orléans, née Princesse Palatine, mère du régent...*, Paris, Charpentier, 1857, 2 vol.
- Camus, Jean-Pierre, *L'Amphithéâtre sanglant*, éd. par Stéphan Ferrari, Paris, Honoré Champion, 2001.

- Cholières, *Les Neuf matinées du seigneur de Cholières*, Paris, Jean Richer, 1585.
- Cholières, *Les Après Disnées du seigneur de Cholières*, Paris, Jean Richer, 1587.
- *Comptes du monde aventureux (Les)*, éd. par Félix Frank, Genève, Slatkine, 1969, 2 vol.
- *Contes immoraux du XVIIIe siècle*, éd. établie par Nicolas Veysman, préface de Michel Delon, Paris, Robert Laffont, 2010.
- Courajod, Louis (éd.), *Livre-journal de Lazare Duvaux, marchand bijoutier ordinaire du roi, 1748 - 1758*, Paris, Société des bibliophiles français, 1873.
- Courtin, Antoine de, *Nouveau traité de la civilité qui se pratique en France parmi les honnestes gens*, Paris, H. Josset, 1671.
- [Daneau, Lambert], *Traité des danses*, [Genève, François Estienne], 1579.
- Dejean [Hornot, Antoine, dit], *Traité raisonné de la distillation*, Paris, Guillyn, 3e éd., 1769 (1re éd., 1753).
- Dejean [Hornot, Antoine, dit], *Traité des odeurs*, Paris, Nyon, 1764.
- Diderot, Denis, *Œuvres complètes*, éd. Jules Assézat, Paris, Garnier, 1875, t. 1.
- Digby, Kenelm, *Remèdes souverains et secrets expérimentés de monsieur
- le chevalier Digby, chancelier de la reine d'Angleterre, avec plusieurs autres secrets et parfums curieux pour la conservation de la beauté des dames*, Paris, Cavelier, 1684.
- Du Fail, Noël, *Contes et discours d'Eutrapel*, réimpr. par D. Jouaust, notice, notes et glossaire par C. Hippeau, Paris, Librairie des Bibliophiles, 1875, 2 vol.
- Duret, Jean, *Advis sur la maladie*, Paris, Claude Morel, 1619.
- Erresalde, Pierre, *Nouveaux remèdes éprouvés, utiles et profitables pour toutes sortes de maladies; comme aussi pour se garantir de la peste*, Paris, Jean-Baptiste Loyson, 1660.
- F. A. E. [Frère Antoine Estienne], *Remonstance charitable aux dames et damoyselles de France sur leurs ornemens dissolus*, Paris, Sébastien Nivelle, 4e éd., 1585 (le privilège d'imprimer date de 1570).
- Faret, Nicolas, *L'Honnête homme ou l'art de plaire à la Cour*, Paris, T. du Bray, 1630.

- Ferrier, Oger, *Remèdes préservatifs et curatifs de peste*, Lyon, Jean de Tournes, 1548.
- Firenzuola, Agnolo, *Discours sur la beauté des dames*, Paris, Abel L'Angelier, 1578 (éd. italienne, 1548).
- Fitelieu, Antoine de, *La Contre-Mode*, Paris, Louis de Heuqueville, 1642.
- Fleuret, Fernand, Louis Perceau, *Les Satires françaises du XVIe siècle*, Paris, Garnier frères, 1922, 2 vol.
- Fleury, Claude, *Mœurs des chrétiens*, Paris, veuve Gervais Clouzier, 1682.
- Franklin, Alfred, *La Vie privée d'autrefois. L'hygiène*, Paris, Plon, 1890.
- Franklin, Alfred, *La Vie privée d'autrefois. Les magasins de nouveautés*, Paris, Plon, 1895.
- Gaufridy, Louis, *Confession faicte par messire Louys Gaufridi, prestre en l'église des Accoules à Marseille... à deux Pères capucins du couvent d'Aix, la veille de Pâques, le onziesme avril mil six cens onze*, Aix, Jean Tholozan, 1611.
- Guyon, Loys, *Les Diverses leçons*, Lyon, Claude Morillon, 1604.
- Guyon, Loys, *Le Miroir de la beauté et santé corporelle*, Lyon, Claude Prost, 1643, 2 vol.
- Hurtault, Pierre-Thomas, *L'Art de péter*, En Westphalie [Paris], Chez Florent-Q, rue Pet-en-Gueule, au Soufflet, 1775 [1re éd. sans nom d'auteur, 1751].
- J. D. B. [Jean de Bussières], *Les Descriptions poétiques*, Lyon, Jean-Baptiste Devenet, 1649.
- *Jeune homme instruit en amour (Le)*, Paphos [Paris], 1764.
- Jurgens, Madeleine (éd.), *Ronsard et ses amis. Documents du Minutier central des notaires de Paris*, Paris, Archives nationales, 1985.
- Juvernay, Pierre, *Discours particulier contre la vanité des femmes de ce temps*, Paris, J. Mestais, 1635; 3e édition, sous le titre *Discours particulier contre les femmes débraillées de ce temps*, Paris, Pierre Le Mur, 1637; republié comme *Discours particulier contre les filles et femmes mondaines découvrans leur sein et portant des moustaches* [longues mèche de cheveux pendant le long des joues], Paris,

Jérémie Bouillerot, 1640 (réimpr. Genève, Gay et fils, 1867).
- Lampérière, Jean de, *Traité de la peste, de ses causes et de la cure…*, Rouen, David du Petit Val, 1620.
- Lémery, Louis, *Traité des aliments*, 3e éd., Paris, Durand, 1755, 2 vol.
- Lémery, Nicolas, *Recueil de curiositez rares et nouvelles*, Lausanne, David Gentil, 1681, t. 1.
- Lémery, Nicolas, *Recueil de curiositez rares et nouvelles… avec de beaux secrets gallans*, Paris, Pierre Trabouillet, 1686.
- Lemnius, Levinus (Levin Lemne), *Les Occultes Merveilles et secretz de nature*, Paris, Galiot du Pré, 1574 (1re éd. latine, 1559; 1re éd. française, 1566).
- Liébault, Jean, *Trois livres de l'embellissement et ornement du corps humain*, Paris, Jacques du Puys, 1582.
- Liébault, Jean, *Thrésor des remèdes secrets pour les maladies des femmes*, Paris, Jacques du Puys, 1585.
- Locatelli, Sébastien, *Voyage de France. Mœurs et coutumes françaises (1664 – 1665)*, trad. par Adolphe Vautier, Paris, Alphonse Picard et fils, 1905.
- Marot, Clément, *Les Blasons anatomiques du corps féminin*, Paris, Charles L'Angelier, 1543.
- Massinger, traduit par Ernest Lafond, Paris, J. Hetzel, 1864.
- Meurdrac, Marie, *La Chymie charitable et facile en faveur des dames*, Paris, Laurent d'Houry, 1687 (1re éd., 1666; réimpr. Paris, CNRS, 1999).
- Mizauld, Antoine, *Singuliers secrets et secours contre la peste*, Paris, Mathurin Breuille, 1562.
- Navarre, Marguerite de, *L'Heptaméron*, texte établi par Michel François (sur l'éd. de 1560), Paris, Garnier, 1996.
- Nostredame, Michel de, *Excellent et moult utile opuscule à touts nécessaire qui désirent avoir cognoissance de plusieurs exquises receptes, divisé en deux parties. La première traicte de diverses façons de fardemens et senteurs pour illustrer et embellir la face…*, Lyon, Antoine Volant, 1555.
- Paré, Ambroise, *Traicté de la peste, de la petite verolle et rougeole*, Paris, Gabriel

Buon, 1580 (1re éd., 1568).
- Périers, Bonaventure Des, *Les Nouvelles récréations et joyeux devis de feu Bonaventure Des Périers, valet de chambre de la royne de Navarre*, Lyon, R. Granjon, 1558.
- Polman, Jean, *Le Chancre, ou couvre-sein féminin, ensemble le voile, ou couvre-chef féminin*, Douai, Gérard Patté, 1635.
- Poncelet, Polycarpe, *Chimie du goût et de l'odorat*, Paris, Le Mercier, 1755.
- Porta, Jean-Baptiste, *La Physionomie humaine*, Rouen, Jean et David Berthelin, 1655 (éd. originale, 1586).
- Quignard, Pierre, *Blasons anatomiques du corps féminin*, Paris, Gallimard, 1982.
- Rainssant, Pierre, *Advis pour se préserver et pour se guérir de la peste de cette année 1668*, Reims, Jean Multeau, 1668.
- Ramazzini, Bernardino, *Essai sur les maladies des artisans*, traduit du latin [1700], avec des notes et des additions, par Antoine-François de Fourcroy, Paris, Moutard, 1777.
- Règlement (CE) n° 1334/2008 du Parlement européen et du Conseil du 16 décembre 2008, relatif aux arômes et à certains ingrédients alimentaires possédant des propriétés aromatisantes, qui sont destinés à être utilisés dans et sur les denrées alimentaires.
- René, François [Étienne Binet, prédicateur], *Essai des merveilles de la nature*, Paris, 1621.
- Renou, Jean de, *Le Grand dispensaire médicinal. Contenant cinq livres des institutions pharmaceutiques. Ensemble trois livres de la matière médicinale. Avec une pharmacopée, ou antidotaire fort accompli*, traduit par Louys de Serres, Lyon, Pierre Rigaud, 1624.
- Renou, Jean de, *Les Œuvres pharmaceutiques du sr Jean de Renou... augmentées d'un tiers en cette seconde édition par l'auteur; puis traduites, embellies de plusieurs figures nécessaires à la cognoissance de la médecine et pharmacie, et mises en lumière par M. Louys de Serres*, Lyon, N. Gay, 1637 (1re éd. latine, 1609).
- Rivault, David, *L'Art d'embellir*, Paris, Julien Bertault, 1608.

- [Romieu, Marie de, attribué à], *Instructions pour les jeunes dames*, Lyon, Jean Dieppi, 1573.
- Ronsard, Pierre de, *Le Livret de folastries à Janot parisien*, Paris, veuve Maurice de la Porte, 1553 (réimpression, augmentée de pièces de l'édition de 1584, Paris, Jules Gay, 1862).
- Ronsard, Pierre de, *Les Amours*, éd. par Albert-Marie Schmidt, Paris, Le Livre de Poche, 1964.
- Rosset, François de, *Les Histoires mémorables et tragiques de ce temps*, éd. [d'après celle de 1619] par Anne de Vaucher Gravili, Paris, Le Livre de Poche, 1994.
- Sala, Angélus, *Traicté de la peste, concernant en bref les causes et accidents d'icelle, la description de plusieurs excellents remèdes, tant pour se préserver de son infection, que pour guérir les pestiferez*, Leyde, G. Basson, 1617.
- Scarron, Paul, *L'Héritier ridicule ou la dame intéressée*, Paris, Toussaint Quinet, 1650.
- Sorel, Charles, sieur de Souvigny, *Les Loix de la galanterie*, dans le *Recueil des pièces les plus agréables de ce temps*, Paris, Nicolas de Sercy, 1644.
- [Tabourot, Étienne, sieur des Accords], *Les Escraignes dijonnoises, composées par le feu sieur du Buisson*, 2e éd., Lyon, Thomas Soubron, 1592.
- Turnèbe, Odet de, *Les Contents*, éd. par Norman B. Spector, Paris, Nizet, 1984.
- Vigneulles, Philippe de, *Les Cent Nouvelles nouvelles*, éd. avec une introd. et des notes par Charles H. Livingston, avec le concours de Françoise R. Livingston et Robert H. Ivy Jr., Genève, Droz, 1972.

参考目录选

- Ackerman, Diane, *A Natural History of the Senses*, New York, Random House, 1990 (trad. française, *Le Livre des sens*, Paris, Grasset, 1990).
- Aït Medjane, Ouarda, *Des maisons parisiennes : le Marais de 1502 à 1552. L'apport des inventaires après décès*, mémoire de maîtrise inédit, sous la direction de Robert Muchembled, université de Paris-Nord, 2007.

- Albert, Jean-Pierre, *Odeurs de sainteté. La mythologie chrétienne des aromates*, Paris, Éditions de l'EHESS, 1990.
- Bailbé, Jacques, «Le thème de la vieille femme dans la poésie satirique du XVIe et du début du XVIIe siècle», *Bibliothèque d'Humanisme et Renaissance*, t. 26, 1964, p. 98–119.
- Bakhtine, Mikhaïl, *L'Œuvre de François Rabelais et la culture populaire au Moyen Âge et sous la Renaissance*, Paris, Gallimard, 1970.
- Barbelane, Nicolas, *Les Canards surnaturels, 1598–1630*, mémoire de maîtrise inédit, sous la direction de Robert Muchembled, université de Paris-Nord, 2000.
- Barthes, Roland, *Système de la mode*, Paris, Seuil, 1967.
- Barwich, Anne-Sophie, «What Is So Special about Smell? Olfaction as a Model System in Neurobiology», *Postgraduate Medical Journal*, novembre 2015, http://dx.doi.org/10.1136/postgradmedj-2015-133249
- Baulant, Micheline, «Prix et salaires à Paris au XVIe siècle. Sources et résultats», *Annales ESC*, t. 31, 1976, p. 954–995.
- Berriot-Salvadore, Évelyne, *Un corps, un destin. La femme dans la médecine de la Renaissance*, Paris, Champion, 1993.
- Bigard, Marc-André (professeur), Interview du 18 août 2011, reproduite dans «La chasse aux pets? Mission impossible…», *L'Information santé au quotidien*, destinationsante.com (site visité le 30 janvier 2017).
- Biniek, Aurélie, *Odeurs et parfums aux XVIe et XVIIe siècles*, mémoire de maîtrise inédit sous la direction de Robert Muchembled, université de Paris-Nord, 1998.
- Blanc-Mouchet, Jacqueline, avec la collab. de Martyne Perrot, *Odeurs, l'essence d'un sens*, Paris, Autrement, 1987.
- Bodiou, Lydie, Véronique Mehl (éd.), *Odeurs antiques*, Paris, Les Belles Lettres, 2011.
- Boillot, Francine, Marie-Christine Grasse, André Holley, *Olfaction et patrimoine: quelle transmission?*, Aix-en-Provence, Édisud, 2004.

- Bologne, Jean-Claude, *Histoire de la pudeur*, Paris, Olivier Orban, 1986.
- Boudriot, Pierre-Denis, « Essai sur l'ordure en milieu urbain à l'époque préindustrielle. Boues, immondices et gadoue à Paris au XVIIIe siècle», *Histoire, économies et sociétés*, t. 5, 1985, p. 515 – 528.
- Bourke, John G., *Scatologic Rites of All Nations*, Washington (D. C.), W. H. Lowdermilk and C°, 1891.
- Bowen, Barbara C., *Humour and Humanism in the Renaissance*, Farnham, Ashgate, 2004.
- Briot, Eugénie, «Jean-Louis Fargeon, fournisseur de la cour de France : art et techniques d'un parfumeur du XVIIIe siècle», *Corps parés, corps parfumés*, dans *Artefact. Techniques, histoire et sciences humaines*, n° 1, Paris, CNRS, 2013, p. 167 – 177.
- Brouardel, Paul, *La Mort et la mort subite*, Paris, J.-B. Baillière et fils, 1895.
- Bushdid, Caroline, Marcelo O. Magnasco, Leslie B. Vosshall, Andreas Keller, «Humans Can Discriminate More than 1 Trillion Olfactory Stimuli», *Science*, n° 343, 2014, p. 1370 – 1372.
- Cabré, Monique, Marina Sebbag, Vincent Vidal, *Femmes de papier. Une histoire du geste parfumé*, Toulouse, Milan, 1998.
- Camporesi, Piero, *Les Effluves du temps jadis*, Paris, Plon, 1995.
- Candau, Joël, *Mémoires et expériences olfactives. Anthropologie d'un savoir-faire sensoriel*, Paris, PUF, 2000.
- Castro Jason B., Arvind Ramanathan, Chakra S. Chennubhotla, «Categorical Dimensions of Human Odor Descriptor Space Revealed by Non-Negative Matrix Factorization», 18 septembre 2013, http://dx.doi.org/10.1371/journal.pone.0073289
- Classen, Constance, David Howes, Anthony Synnott, *Aroma. The Cultural History of Smell*, Londres, Routledge, 1994.
- Closson, Marianne, *L'Imaginaire démoniaque en France (1550 – 1650). Genèse de la littérature fantastique*, Genève, Droz, 2000.
- Clouzeau, Sylvie, *L'Art de paraître féminin au XVIIe siècle*, mémoire de DEA

sous la direction de Robert Muchembled, université de Paris-Nord, 2002.
- Corbin, Alain, *Le Miasme et la Jonquille. L'odorat et l'imaginaire social*, XVIIIe – XIXe *siècles*, Paris, Aubier-Montaigne, 1986.
- *Corps parés, corps parfumés*, dans *Artefact. Techniques, histoire et sciences humaines*, n° 1, Paris, CNRS, 2013.
- Coulmas, Corinna, *Métaphores des cinq sens dans l'imaginaire occidental*, vol. 3, *L'odorat*, Paris, Les Éditions La Métamorphose, s. d.
- Croix, Alain, *L'Âge d'or de la Bretagne, 1532 – 1675*, Rennes, Ouest France, 1993.
- Damasio, Antonio R., *Le Sentiment même de soi. Corps, émotion, conscience*, Paris, Odile Jacob, 1999 (éd. Poche, 2002).
- Dauphin, Cécile, Arlette Farge (dir.), *Séduction et sociétés. Approches historiques*, Paris, Seuil, 2001.
- Delaveau, Pierre, *Histoire et renouveau des plantes médicinales*, Paris, Albin Michel, 1982.
- «Les 10 catégories d'odeurs les plus répandues», *Le Huffington Post*, 20 septembre 2013, http://www.huffingtonpost.fr/2013/09/20/dix-categories-odeur-les-plus-repandues_n_3960728.html (site visité le 30 janvier 2017).
- Dobson, Mary, *Smelly Old History. Tudor Odours*, Oxford, Oxford UP, 1997 (destiné aux enfants).
- Donzel, Catherine, *Le Parfum*, Paris, Éditions du Chêne, 2000.
- Doty, Richard L., E. Leslie Cameron, «Sex Differences and Reproductive Hormone Influences on Human Odor Perception», *Physiology and Behavior*, vol. 97, 25 mai 2009, p. 213 – 228.
- Doucet, Sébastien, Robert Soussignan, Paul Sagot, Benoist Schaal, «The Secretion of Areolar (Montgomery's) Glands from Lactating Women Elicits Selective, Unconditional Responses in Neonates», 23 octobre 2009, http://dx.doi.org/10.1371/journal.pone.0007579
- Dulau, Robert, Jean-Robert Pitte (dir.), *Géographie des odeurs*, Paris, L'Harmattan, 1998.

- Duperey, Anny, *Essences et parfums* (textes choisis), Paris, Ramsay, 2004.
- Elias, Norbert, *La Civilisation des mœurs*, Paris, Calmann-Lévy, 1973 (1re éd. allemande, 1939).
- Erikson, Erik, *Enfance et société*, Neuchâtel, Delachaux et Niestlé, 1959 (1re éd. américaine, 1950).
- Falkenburg, Reindert L., « De duiven buiten beeld. Over duivelafwerende krachten en motieven in de beeldende kunst rond 1500 », dans Gerard Rooijakkers, Lène Dresen-Coenders, Margreet Geerdes (éd.), *Duivelsbeelden: een cultuurhistorische speurtocht door de Lage Landen*, Barn, Ambo, 1994, p. 107-122.
- Faure, Paul, *Parfums et aromates de l'Antiquité*, Paris, Fayard, 1987.
- Febvre, Lucien, *Autour de l'Heptaméron. Amour sacré, amour profane*, Paris, Gallimard, 1944.
- Ferenczi, Sándor, *Thalassa. Psychanalyse des origines de la vie sexuelle*, Paris, Payot, 2002.
- Ferino-Pagden, Sylvia (éd.), *I cinque sensi nell'arte. Immagini del sentire*, Centro culturale « Città di Cremona » in San Maria della Pietà, Leonardo Arte, 1996.
- Finkel, Jori, « An Artist's Intentions (and Subjects) Exposed » [Isaac van Ostade], *The New York Times*, 23 décembre 2015, p. C2.
- Galopin, Augustin, *Le Parfum de la femme et le sens olfactif dans l'amour. Étude psycho-physiologique*, Paris, Dentu, 1886.
- Gay, Victor, Henri Stein, *Glossaire archéologique du Moyen Âge et de la Renaissance*, Paris, Société bibliographique, 1974, t. 2.
- Gerkin, Richard C., Jason B. Castro, « The Number of Olfactory Stimuli that Humans Can Discriminate Is Still Unknown », eLife Research article, Neuroscience, 7 juillet 2015, http://dx.doi.org/10.7554/eLife.08127
- Girard, P. S., « Recherches sur les établissements de bains publics à Paris depuis le IVe siècle jusqu'à présent », *Annales d'hygiène publique et de médecine légale*, t. 7, 1re partie, 1832, p. 5-59.
- Godard de Donville, Louise, *Signification de la mode sous Louis XIII*, Aix-en-

Provence, Édisud, 1978.
- Goffman, Erving, *La Mise en scène de la vie quotidienne*, Paris, Éditions de Minuit, 1973, 2 vol. (1re éd. américaine, 1959).
- Guerrand, Roger-Louis, *Les Lieux. Histoire des commodités*, Paris, La Découverte, 1997.
- Guerrand, Roger-Louis, « Prolégomènes à une géographie des flatulences », dans R. Dulau, J.-R. Pitte (dir.), *op. cit.*, p. 73 – 77.
- Hatt, Hanns, Regine Dee, *La Chimie de l'amour. Quand les sentiments ont une odeur*, Paris, CNRS Éditions, 2009.
- Herz, Rachel, *The Scent of Desire. Discovering Our Enigmatic Sense of Smell*, New York, William Morrow (Harper Collins), 2007.
- Holley, André, *Éloge de l'odorat*, Paris, Odile Jacob, 1999.
- « Hommes, parfums et dieux », *Le Courrier du musée de l'Homme*, n° 6, novembre 1980 (journal d'exposition).
- Kassel, Dominique, « La pharmacie au Grand Siècle. Image et rôle du pharmacien au travers de la littérature », IVe rencontres d'histoire de la médecine et des représentations médicales dans les sociétés anciennes, université de Reims-Champagne-Ardennes, Troyes, 20 – 21 janvier 2006, http://artetpatrimoinepharmaceutique.fr/Publications/p63/La-pharmacie-au-Grand-siecle-image-et-role-du-pharmacien-au-travers-de-la-litterature (site visité le 31 janvier 2017).
- Kauffeisen, L., « Au temps de la Marquise de Sévigné. L'eau d'émeraude, l'essence d'urine et l'eau de millefleurs », *Bulletin de la Société d'histoire de la pharmacie*, vol. 16, 1928, p. 162 – 165.
- Klein, H. Arthur, *Graphic Worlds of Peter Bruegel the Elder*, New York, Dover Publications, 1963.
- Laget, Mireille, « Les livrets de santé pour les pauvres aux XVIIe et XVIIIe siècles », *Histoire, économies et sociétés*, t. 4, 1984, p. 567 – 582.
- Laporte, Dominique, *Histoire de la merde*, Paris, Christian Bourgeois, 1978.
- Lardellier, Pascal (dir.), *À fleur de peau. Corps, odeurs et parfums*, Paris, Belin,

2003.
- Le Breton, David, *La Saveur du monde. Une anthropologie des sens*, Paris, Métailié, 2006.
- Le Guérer, Annick, *Les Pouvoirs de l'odeur*, Paris, François Bourin, 1998.
- Le Guérer, Annick, *Le Parfum, des origines à nos jours*, Paris, Odile Jacob, 2005.
- Leguay, Jean-Pierre, *La Rue au Moyen Âge*, Rennes, Ouest France, 1984.
- Leguay, Jean-Pierre, *La Pollution au Moyen Âge dans le royaume de France et dans les grands fiefs*, Paris, Gisserot, 1999.
- Leguay, Jean-Pierre, «La laideur de la rue polluée à la fin du Moyen Âge: "*Immondicités, fiens et bouillons*" accumulés sur les chaussées des villes du royaume de France et des grands fiefs au XVe siècle», *Le Beau et le Laid au Moyen Âge*, Aix-en-Provence, Presses universitaires de Provence, 2000, p. 301-317.
- Liebel, Silvia, *Les Médées modernes. La cruauté féminine d'après les canards imprimés (1574-1651)*, Rennes, PUR, 2013.
- Mandrou, Robert, *Introduction à la France moderne. Essai de psychologie historique, 1500-1640*, Paris, Albin Michel, 1961; rééd. 1998.
- Matthews-Grieco, Sara, *Ange ou diablesse. La représentation de la femme au XVIe siècle*, Paris, Flammarion, 1991.
- Meister, Markus, «On the Dimensionality of Odor Space», eLife Research article, Computational and systems biology, Neuroscience, 7 juillet 2015, http://dx.doi.org/10.7554/eLife.07865
- Menjot, Denis (dir.), *Les Soins de beauté au Moyen-Âge et début des Temps modernes*, actes du IIIe colloque international de Grasse, 26-28 avril 1985, Nice, université de Nice, 1987.
- Michaud, Louis-Gabriel, *Biographie universelle, ancienne et moderne*, nouvelle éd., Paris, A. Thoisnier Desplaces, 1852, t. 10.
- Muchembled, Robert, *L'Invention de l'homme moderne. Culture et sensibilités en France du XVe au XVIIIe siècle*, Paris, Hachette, 1994.

- Muchembled, Robert, *La Société policée. Politique et politesse en France du XVIe au XXe siècle*, Paris, Seuil, 1998.
- Muchembled, Robert, *Une histoire du Diable, XIIe – XXe siècle*, Paris, Seuil, éd. Point, 2002.
- Muchembled, Robert, *Passions de femmes au temps de la reine Margot, 1553 – 1615*, Paris, Seuil, 2003.
- Muchembled, Robert, « Fils de Caïn, enfants de Médée: homicide et infanticide devant le parlement de Paris, 1575 – 1604 », *Annales Histoire, Sciences sociales*, t. 62, 2007, p. 1063 – 1094.
- Muchembled, Robert, Hervé Bennezon, Marie-José Michel, *Histoire du grand Paris, de la Renaissance à la Révolution*, Paris, Perrin, 2009.
- Musset, Didier, Claudine Fabre-Vassas (dir.), *Odeurs et parfums*, Paris, Comité des travaux historiques et scientifiques, 1999.
- Nagnan-Le Meillour, Patricia, « Les phéromones: vertébrés et invertébrés », dans R. Salesse, R. Gervais (dir.), *op. cit.*, p. 39 – 46.
- Pérez, Stanis, « L'eau de fleur d'oranger à la cour de Louis XIV », dans *Corps parés, corps parfumés*, *op. cit.*, p. 107 – 125.
- Pérouse, Gabriel A., *Nouvelles françaises du XVIe siècle. Images de la vie du temps*, Genève, Droz, 1977.
- Poiret, Nathalie, « Odeurs impures. Du corps humain à la Cité (Grenoble, XVIIIe – XIXe siècle) », *Terrain*, n° 31, septembre 1998, p. 89 – 102.
- Renaud, Michel, *Pour une lecture du Moyen de parvenir de Béroalde de Verville*, 2e éd. rev., Paris, Champion, 1997.
- Roubin, Lucienne A., *Le Monde des odeurs. Dynamique et fonctions du champ odorant*, Paris, Méridiens Klincksieck et Cie, 1989.
- Roudnitska, Edmond, *Le Parfum*, Paris, PUF, 1990.
- Salesse, Roland, Rémi Gervais (dir.), *Odorat et goût. De la neurobiologie des sens chimiques aux applications*, Versailles, Éditions Quæ, 2012.
- Salmon, Xavier (dir.), *De soie et de poudre. Portraits de cour dans l'Europe des Lumières*, Arles, Actes Sud, 2004.

- Salzmann, «Masques portés par les médecins en temps de peste», *Æsculape*, n° 1, janvier 1932, p. 5 – 14.
- Saulnier, VerdunL., «Étude sur Béroalde de Verville. Introduction à la lecture du *Moyen de parvenir*», *Bibliothèque d'Humanisme et Renaissance*, t. 5, 1944, p. 209 – 326.
- Schivelbusch, Wolfgang, *Histoire des stimulants*, Paris, Le Promeneur, 1991.
- Secundo, Lavi, *et al.*, «Individual Olfactory Perception Reveals Meaningful Non Olfactory Genetic Information», *Proceedings of the National Academy of Sciences of the United States of America*, vol. 112, n° 28, 14 juillet 2015, p. 8750 – 8755.
- Sennett, Richard, *Les Tyrannies de l'intimité*, Paris, Seuil, 1979.
- Soussignan, Robert, Fayez Kontar, Richard-E. Tremblay, «Variabilité et universaux au sein de l'espace perçu des odeurs: approches inter-culturelles de l'hédonisme affectif», dans R. Dulau, J.-R. Pitte (dir.), *op. cit.*, p. 25 – 48.
- Sulmont-Rossé, Claire, Isabel Urdapilletta, «De la mise en mots des odeurs», dans R. Salesse, R. Gervais (dir.), *op. cit.*, p. 373 – 379.
- Süskind, Patrick, *Le Parfum*, Paris, Fayard, 1985.
- Syme, Rachel, «Do I smell a bat? Oh, it's you», *The New York Times*, 27 octobre 2016, p. D5.
- Tran Ba Huy, Patrice, «Odorat et histoire sociale», *Communications et langages*, vol. 126, 2000, p. 84 – 107.
- Viala, Alain, *Naissance de l'écrivain. Sociologie de la littérature à l'âge classique*, Paris, Éditions de Minuit, 1985.
- Vigarello, Georges, *Le Propre et le Sale. L'hygiène du corps depuis le Moyen Âge*, Paris, Seuil, 1985.
- *Vigée Le Brun*, catalogue d'exposition, éd. par Joseph Baillio, Katharine Baetjer, Paul Lang, New York, The Metropolitan Museum of Art, 2016.
- Winter, Ruth, *Le Livre des odeurs*, Paris, Seuil, 1978.
- Zoologist perfumes, https://www.zoologistperfumes.com/ (site visité le 24 janvier 2017).

- Zucco, Gesualdo M., Rachel S. Herz, Benoist Schaal (éd.), *Olfactory Cognition. From Perception and Memory to Environmental Odours and Neuroscience* (*Advances in Consciousness Research*), Amsterdam-Philadelphie, John Benjamins Publishing C°, 2012.
- Zucco, Gesualdo M., Benoist Schaal, Mats Olsson, Ilona Croy, foreword by Richard J. Stevenson, *Applied Olfactory Cognition*, Frontiers Media S. A., Frontiers in Psychology, 2014, Ebook (site visité le 31 janvier 2017).

著者著作

Mystérieuse Madame de Pompadour, Paris, Fayard, 2014.

Insoumises. Une autre histoire des Françaises du XVIe siècle à nos jours, Paris, Autrement, 2013.

Les Ripoux des Lumières. Corruption policière et Révolution, Paris, Seuil, 2011.

Histoire du grand Paris, de la Renaissance à la Révolution (avec Hervé Bennezon et Marie-José Michel), Paris, Perrin, 2009.

Une histoire de la violence de la fin du Moyen Âge à nos jours, Paris, Seuil, 2008.

Cultural Exchange in Early Modern Europe (dir.), 4 vol., avec une introduction de Robert Muchembled, directeur de la série, Cambridge, Cambridge UP, 2006.

L'Orgasme et l'Occident. Une histoire du plaisir du XVIe siècle à nos jours, Paris, Seuil, 2005.

Dictionnaire de l'Ancien Régime (dir., avec la collab. d'A. Conchon, B. Maes et I. Paresys), Paris, Armand Colin, 2004.

Passions de femmes au temps de la reine Margot (1553–1615), Paris, Seuil, 2003.

Diable! Paris, Seuil-Arte Éditions, 2002.

L'Invention de la France moderne, XVIe–XVIIe siècle, Paris, Armand Colin, 2002.

Une histoire du Diable, XIIe–XXe siècle, Paris, Seuil, 2000; rééd. Points Seuil, 2002.

Religious Ceremonials and Images: Power and Social Meaning (dir.), edited by Jose

Pedro Paiva, avant-propos de Robert Muchembled, Coimbra, Centro de História da Sociedade e da Cultura, 2002.

Frontiers of Faith. Religious Exchange and the Constitution of Religious Identities, 1400 – 1700 (dir.), edited by Eszter Andor and Istvàn György Toth, introduction de Robert Muchembled, Budapest, The Central University Press, 2000.

La Société policée. Politique et politesse en France du XVIe au XXe siècle, Paris, Seuil, 1998.

Les Civilisations du monde vers 1492 (en collaboration avec M. Balard, J.-P. Duteil, J. Boulègue), Paris, Hachette, 1997.

Cultures et société en France du début du XVIe siècle au milieu du XVIIe siècle, Paris, SEDES, 1995.

Les XVIe et XVIIe siècles (dir.), Paris, Bréal, coll. «Grand Amphi», 1995.

Magie et sorcellerie en Europe du Moyen Âge à nos jours (dir.), Paris, Armand Colin, 1994.

Le XVIIIe siècle, 1715 – 1815 (dir.), Paris, Bréal, coll. «Grand Amphi», 1994.

Le Roi et la Sorcière. L'Europe des bûchers, XVe – XVIIIe siècle, Paris, Desclée, 1993.

Société, cultures et mentalités dans la France moderne, XVIe – XVIIIe siècle, Paris, Armand Colin, coll. «Cursus», 1991; nouvelle éd. 2001.

L'Invention de l'homme moderne. Culture et sensibilités en France du XVe au XVIIIe siècle, Paris, Fayard, 1988; rééd., Paris, Hachette, «Pluriel», 1994.

La Violence au village (XVe – XVIIe siècle). Comportements populaires et mentalités en Artois, Turnhout, Brepols, 1989.

Sorcières, justice et société aux XVIe et XVIIe siècles, Paris, Imago, 1987.

Nos ancêtres les paysans. Aspects du monde rural dans le Nord-Pas-de-Calais des origines à nos jours (en collab. avec G. Sivéry et divers auteurs), Lille, CRDP, 1983.

Les Derniers Bûchers. Un village de Flandre et ses sorcières sous Louis XIV, Paris, Ramsay, 1981.

La Sorcière au village (XVe – XVIIIe siècle), Paris, Gallimard-Julliard, 1979; rééd. Gallimard, «Folio Histoire», 1991, 2005.

Culture populaire et culture des élites dans la France moderne (XVe – XVIIIe siècle). Essai, Paris, Flammarion, 1978; rééd., coll. «Champs», 1991.

图书在版编目(CIP)数据

气味的文明史：16 世纪至 19 世纪初 /（法）罗贝尔·穆尚布莱著；徐黎薇译. -- 上海：上海社会科学院出版社，2025. -- ISBN 978-7-5520-4599-4

I. Q434

中国国家版本馆 CIP 数据核字第 202506ZJ15 号

Originally published in France as:
La Civilisation des odeurs by Robert Muchembled © 2017, Les Belles Lettres, Paris
Current Chinese language translation rights arranged through Divas International, Paris
巴黎迪法国际版权代理（www.divas-books.com）
上海市版权局著作权合同登记号：图字 09－2024－0294

气味的文明史：16 世纪至 19 世纪初

著　　者：	［法］罗贝尔·穆尚布莱
译　　者：	徐黎薇
责任编辑：	叶　子　朱婳玥
封面设计：	杨晨安
出版发行：	上海社会科学院出版社
	上海顺昌路 622 号　邮编 200025
	电话总机 021－63315947　销售热线 021－53063735
	https://cbs.sass.org.cn　E-mail:sassp@sassp.cn
排　　版：	南京展望文化发展有限公司
印　　刷：	上海盛通时代印刷有限公司
开　　本：	890 毫米×1240 毫米　1/32
印　　张：	8.75
插　　页：	1
字　　数：	200 千
版　　次：	2025 年 1 月第 1 版　2025 年 1 月第 1 次印刷

ISBN 978－7－5520－4599－4/Q·011　　　　　定价：78.00 元

版权所有　翻印必究